踏入深时

穿越过去和未来的旅程

〔英〕海伦·戈登（Helen Gordon） 著

罗岚 译

清华大学出版社
北京

Notes from Deep Time

北京市版权局著作权合同登记号　图字：01-2022-2130

图书在版编目（CIP）数据

踏入深时：穿越过去和未来的旅程 /（英）海伦·戈登（Helen Gordon）著；罗岚译.— 北京：清华大学出版社，2023.7
　　书名原文：Notes from Deep Time: A Journey Through Our Past and Future Worlds
　　ISBN 978-7-302-63827-8

Ⅰ.①踏⋯　Ⅱ.①海⋯ ②罗⋯　Ⅲ.①地球—普及读物　Ⅳ.①P183-49

中国国家版本馆CIP数据核字（2023）第106020号

责任编辑：刘　杨
封面设计：意匠文化·丁奔亮
责任校对：薄军霞
责任印制：宋　林

出版发行：清华大学出版社
　　　　网　　　址：http://www.tup.com.cn, http://www.wqbook.com
　　　　地　　　址：北京清华大学学研大厦A座　　　　　　　邮　　编：100084
　　　　社 总 机：010-83470000　　　　　　　　　　　　　邮　　购：010-62786544
　　　　投稿与读者服务：010-62776969, c-service@tup.tsinghua.edu.cn
　　　　质量反馈：010-62772015, zhiliang@tup.tsinghua.edu.cn
印 装 者：天津鑫丰华印务有限公司
经　　销：全国新华书店
开　　本：165mm×235mm　　印　　张：13.5　　插　页：8　　字　　数：225千字
版　　次：2023年7月第1版　　　　　　　　　　　　　　　印　　次：2023年7月第1次印刷
定　　价：59.00元

产品编号：094507-01

致
乔尼（Jonny）

宙	代	纪	距今（百万年）	世
		第四纪	2.58	全新世 更新世
	新生代	新近纪	23	
		古近纪	66	
显生宙	中生代	白垩纪	145	
		侏罗纪	201	
		三叠纪	252	
	古生代	二叠纪	299	
		石炭纪	359	
		泥盆纪	419	
		志留纪	444	
		奥陶纪	485	
		寒武纪	541	
前寒武纪		元古宙	2500	
		太古宙	4000	
		冥古宙	4600	

有兴趣的读者可以在国际地层委员会官网查阅国际年代地层表。

目 录

"10 000 年什么也不是，"地质学家告诉我，"10 000 年前几乎就是现在。"

10 000 年前，英国还是一座连接着大陆的半岛；在美国，冰川不断融化，形成了五大湖：苏必利尔湖、休伦湖、密歇根湖、伊利湖和安大略湖；全世界只有几百万人口。如果 10 000 年无足轻重，那记录了从书写的演变到太空旅行和原子弹的整个人类史也无足轻重。

我开始意识到，地质学家和其他人看世界的方式略有不同。他们同时生活在两种时间里：一种是人类时间，另一种则是更大更超然的尺度——深邃时间。如果人类时间是以秒、分、时、年来计量，深邃时间的计量单位则是百万年、千万年、亿万年。仅仅是想想这个尺度，就让人眩晕。而生活在其中，是向深远处望去，是让思绪进入异样的空间。在深邃时间里，曾几何时不只是指上周、去年、过去 10 年，而是 100 万年前、5000 万年前。那些跨越了成百上千万年的连绵不断的曾经，正是你生存在此时此地的原因。

*

不久前，我开始迷恋北唐斯（North Downs①）的明亮白垩，北唐斯就是伦敦南部郊区涌起的长长山丘。那是 1 月底。前一年我刚结束一段漫长的恋情，新年那天，一段不甚明确的新关系也告终。那位男子用库切小说《耻》（*Disgrace*）的结尾来含混地解释——这部小说我读过，但仍觉得跟这段恋情毫无瓜葛。为了换个环境，分散注意力，我买了一张火车票。

从伦敦往南，路经北唐斯，你会第一次感觉脱离了城市。坐在宽大的橡木木

① Downs，英国南部的一种独特的白垩丘陵。按照惯例，也为了与其他强调白垩作为一种材料的内容相区别，这里采用音译。如无特别标注，本书脚注均为译者注，尾注均为作者注。

墩上，视线穿过荒芜坚硬的土地，看向远远的银灰色塔楼，你也许会重新思考一些事物，比如距离。

午饭后，我沿山脊往前，黏稠的棕色泥土滑入软软的白色岩石。在寇斯顿和凯特兰之间的通勤镇上，我路过一块信息板，上面写着一些简单而深刻的事实：我们脚下这片土地，是早已荡然无存的史前海洋的残骸。恐龙灭绝后，海洋曾短暂消失过。不管什么时候，你只要站在白垩土上，就站在了曾经的海洋上。

为了多了解一些相关知识，我去参观了位于南肯辛顿的自然历史博物馆，还有当地的一些小博物馆。小博物馆里，陈列柜上覆盖了厚厚的灰尘，里面摆着成排的标本，而打出标签的打字机则早已失灵。我又读了地质学的入门材料，向沉积学家、地层学家、古生物学家讨教。我还加入了去采石场和裸露崖壁的野外考察，了解了深邃时间的历史就写在身边和脚下的岩石里。在一块白垩中，我发现了一块奶灰色的球形海绵，跟我最小的指甲差不多大，它表面刺着数不清的小孔。有些科学家认为，海绵是从共同祖先的演化树上第一个伸出来的动物群（animal group），是所有其他动物的姐妹群（sister group）[1]。

*

北唐斯之旅多年后的一个夏日，在伦敦东部剑桥希思路的建筑工地上，我瞥见一排围栏。彼时刚过下午 5 点，工人们都下班了，留下一台挖掘机。它垂着典型的坚硬长臂，巨大的金属铲斗，停在大堆黑土上。而我感兴趣的是它挖出来的那个洞。

走在伦敦的街头，你会意识到，脚下的土地是很多层岩石，其中大部分都是我们没有见过的。因为这些岩石形成的时候，甚至在它们继续被深深埋葬、消失的漫长历史中，并没有人类存在。要是想探索未知之地，不妨就去挖一挖自家的后花园，这其实跟南极探险差不多。地质学家就是阅读这些岩层，从中构建出过去的故事。每一层都代表了演化至今的过往，它们曾经存在过千百万年然后消失殆尽，过去的世界被浓缩成一层层岩石。

大部分人类都害怕回顾时间，地质学家马西娅·比约内鲁德（Marcia Bjornerud）曾写道[2]："我们困惑时间去哪儿了，担心自己是不是没有好好度过时间，忧虑属于自己的时间还剩多少。地质学以一种非永恒的视角看待事物。"城中的挖掘现场，是通往过去的入口，是看向过去并重新校准的一个空间。上个月我一直在找这种挖掘场地。然后我先生乔尼从办公室发来消息说，在剑桥希斯路往利物浦大街方向去的火车上，他看到了一个挖掘工地。

洞的一边有三层不同的岩石，像粉黄白的天使蛋糕一样，一层层整齐地叠在一起。精准的岩层向我们展示了地质学教科书里那些地层插图的实际样貌。最上面一层大概 1 米，是暗淡偏灰的棕色土壤，混着碎裂的橙色和灰粉色的砖块、黑色沥青团、现代的水泥块。地质学家称之为"人造地面"，也就是被一代代的城市居民循环利用、重新改造的那种地面。人造地面也是人类历史，就像街对面的童年博物馆（父母有时会在潮湿的周六下午带年幼的我去玩）里的人工制品。如果——也许应该说"当"——我们从这颗星球上消失，人造地面就是我们的一种遗迹。仿佛一个脚印，又仿佛是一块写着"我们在这里"的牌子。

人造地面的下一层是潮湿的沙砾，是黄色的海绵蛋糕浸到茶里的颜色。这一层要比人造地面古老一些。17 世纪的丹麦医生尼尔斯·斯坦森（Niels Stensen），更广为人知的名字是尼古拉斯·斯坦诺（Nicolaus Steno），他研究了沉积岩（sedimentary rocks，伦敦的地下就是）的形成过程。沉积岩（通常是在水下）由更古老的岩石或化石遗骸的小碎片沉积而成，或在海水蒸发等化学作用中形成。斯坦诺观察到，必须先有一层稳固的沉积物作为基础，才能继续生成新的沉积物，早期的沉积岩层肯定是在新层之下。

沙砾离表层不远。当你看到高峰时段巴士缓慢驶过的地面，或是火车拱门下贴着"龙舌兰和野格，全天供应，只要 2.5 磅！"的酒吧广告，再往下 1 米，就是沙砾。但这一层里并没有人类存在的痕迹。建筑工地的工人们持续往下挖，他们会从舒适、熟悉的人类时间，逐渐旅行至深邃时间。这也是演化生物学家史蒂芬·杰·古尔德（Stephen Jay Gould）所谓的地质学家"对人类思维最杰出、最有启发性的贡献"[3]。

*

剑桥希思路挖掘工地的沙砾层，是 200 万年前沉积下来的。那时是更新世，泰晤士河的流向比现在偏北一点，就这样穿过如今的贝斯纳绿地。望着湿沙砾，我开始想象 200 万年前的场景。这个数字写起来很容易，但是很难切身感受。

"最大的挑战是让人们理解我们面对的时间的宏伟和庞大。"一位地质学讲师朋友告诉我。自然历史博物馆的一份报告说，深邃时间是"深刻理解我们生命起源和分化的基础"，是理解地质学、物理学和天体物理学的一个关键概念[4]。如果我们要了解周围的世界，理解漫长的演化，以及气候变化导致的迅速而复杂的生存危机（我们自以为了解），就必须研究深邃时间。没有这种视角，我们都不能回答"我在哪儿""我从哪儿来""我要到哪儿去"。

在深邃时间里，沙砾层沉积的 200 万年并不长。最早的脊椎动物生活在 5 亿年前。光合作用可能在 30 亿年前就开始了。面对这种百万年、亿万年，大脑都罢工了，不愿意认真去想——也许这是一种心理防卫机制。在英国，人的平均期待寿命是 81 岁；美国短一点点，79 岁；日本略长一点，84 岁[5]。超过五代——自身加上前两代、后两代的生活——我们就很难感同身受。关于地质时代，1802 年苏格兰科学家和数学家约翰·普莱费尔（John Playfair）曾写道："人类的想象是有限的，通过理性能到达的地方，比人能想象到的要远得多。[6]"

儿童博物馆有一座玩具屋，是 17 世纪在荷兰建造的，也差不多是斯坦诺系统地阐述他的沉积岩理论的时候。还有一个迷你厨房，里面有代夫特瓷砖、锡盘、精致的果冻模具。这大概不是为孩子准备的，而是为某位富裕的女子。

她是谁呢？没有记录。3 个世纪过去，时间已经够长，足以让一位女性的名字消失。从深邃时间的角度来看，这位无名荷兰女子和我，以及剩下的人类历史，本质上存在于同样的时间。

*

沙砾之下，泥土继续变化。我认出下一层是伦敦黏土（London Clay）。又厚又黏，沉郁的深棕色，有些地方甚至是紫色，就像很多岩石历经地质作用或深邃时间的磨炼（这次是沉积和掩埋），以慢到人类根本看不见的速度逐渐形成。要看到伦敦黏土长出 1 米，你需要的不仅是时间机器，还需要一架强有力的延时相机，用来记录成百上千年来从史前海床上收集来的沉积物。

在深邃时间里，事情发展得非常缓慢，但会持续很久，因此仍然影响深远。这里一种新岩石结构的形成，那里一部分海底上升变成了山脉。珠穆朗玛峰也曾是一片海洋。如今在伦敦贝斯纳绿地的黏土意味着，5500万年前，这片土地上是温暖的热带海。如果你能穿越到那里，你会发现，附近一条丰饶的海岸线的气候与现今印度尼西亚的气候相似。像狐狸那么大的始祖马，现代马的祖先，它们在棕榈科的红树植物水椰和蜡瓣木兰（一种花瓣是蜡质的木兰）之间吃草。

去皮卡迪利拜访伦敦地质学会总部时，图书管理员和诗人迈克尔·麦肯金（Michael McKimm）告诉我："跟地质学家去出野外，最有趣的就是他们的想象力。你们都站在海滩上，地质学家们在想象为什么会形成特定的岩石构造，远古的土地如何一路演变至今。[7]" 19世纪杰出的地质学家查尔斯·莱伊尔（Charles Lyell）爵士是这么说的："我们可以在想象中重现已消失古大陆的形成过程。[8]"

这是科学中的一种珍贵品质：训练自己在头脑中搭建词汇，然后用描述性语言呈现给他人。我有过文学出版经验，深知人们大概花了多少时间在遣词造句上。而地质学有一种强烈的吸引力。我就有一种美国作家约翰·麦克菲（John McPhee）描述过的冲动，他在1981年的书《盆地与山脉》（*Basin and Range*）中第一次使用了"深邃时间"这个词，用于描述他早年初识地质学，深感。"这件事确实好像有一种比人性多一点的东西：地质学家们沟通用英语，而他们却能用一种让你起鸡皮疙瘩的方式给事物命名。[9]" 他写道，"岩基、捕房体、漠境砾幕、新月形沙丘的滑落面。"

在一本著名的地质学教科书《英国与爱尔兰地质史》（*Geological History of Britain and Irland*）的引言中，作者伍德科克（Woodcock）和斯特罗恩（Strachan）写道："在描述地质学家的工作和思考时，科学哲学家会很为难。物理学依靠其客观性、可预测性和精确性被定义为典型科学，代表性地衡量了其他学科。地质学因此只是被看作一种物理学不精确的衍生品[10]。" 在科学的等级中，理论物理学家可以俯视实验物理学家，他们又都俯视地质学家。"地质学还能鄙视谁呢？"我问了我的讲师朋友，他说："地理学家。"

伍德科克和斯特罗恩还写道："地质学和纯粹的物理、化学和生物学的根本区别，在于它的历史感。地质记录难免会复杂、残缺，要破解这种记录，需要一种跟推理人类历史一样的思维方式。[11]"

正如另一位地质学家所描述的，地质学需要"灰数据技能"，即从不完整且缺失的碎片化数据中拼合成一个故事，运用想象去构造未完成的图景，或者像另一个人说的：基本上，就是夏洛克·福尔摩斯那套技能。

几年前，地质学会举办了一个诗歌和地质学庆祝活动，麦肯金跟我说："据我所知，完全因成员的热爱来举办一个诗歌日的，科学学会里就我们一个。"学会会长布莱恩·洛弗尔（Bryan Lovell）读了一段阿尔弗雷德·丁尼生（Alfred Tennyson）《悼念集》的选段。这首诗完成时（1849 年）正好是地质学会成立 40周年——这是世界上最古老的国家地质组织。从诗的字里行间能看到深邃时间的不断变换，正好被维多利亚时期的"地质学家"展现出来：

> 山丘是影子，它们游荡，
>
> 　从形态到模样，万物皆无永恒；
>
> 坚实土地，如雾消融流淌，
>
> 　亦如云，变幻自己，去往远方。[12]

洛弗尔对聚集过来的观众说："诗人和地质学家有一个共同点：寻找合适的语言，帮助我们理解自身所为。"

第一次拜访后又过了一些年，我回到了剑桥希思路。那个被挖出的洞变成了6 层楼的酒店。在里面的酒吧，过大的灯泡露出灯管，墙壁管道也暴露在外，里面还有"周一按摩"的活动，每个房间都有浓缩咖啡机。我喝了杯姜汁汽水，一对西班牙夫妇在手机上划来划去，欧洲投资银行的运动和文化俱乐部成员围着一堆相同的肩背运动包转来转去。路对面，一群学生穿着统一的明黄色背心，两两一组，在博物馆门口排着队。

我们脚下是两层地下室，再往下就是伦敦黏土的世界。从伦敦黏土层到下一层，回到 3000 万年前，你会发现一片巨大的海洋，长下颚的鱼龙，靠鳍脚游动的蛇颈龙，还有牙齿似刀片、鼻子圆又钝的鲨鱼就在里面游荡。回到 5000 万年前，你会站在干燥的地面上：一面是陡峭的山，丘陵边缘是热带森林，还有湖泊和沼泽，里面有闪亮的史前泥土里晒太阳的远古鳄鱼。这个世界的下面是另一层世界，和再另一层世界，几百万年叠在几百万年之上，像一副洗好的扑克牌。

如果所有的深邃时间叠起来——像一部延时电影——我们会看到高温干燥的沙漠变成茂密的丛林，再隆起成崎岖的山脉，又逐渐磨损成矮矮的山丘。真是一幅不断变化、起伏流动的地图。在深邃时间里，所有的一切都是暂时的：骨头变成岩石，沙变成高山，海洋变成城市。

如此无边无际的时间维度的意识和所有这些奇迹般的巨大变化，再次提醒我们，我们的生命注定是非常短暂的——不管是作为个体，还是物种。有个朋友上过一堂周末陶艺课，成品是一只可怕的棕色的又粗粗笨笨的花瓶。陶艺老师眼睛放光地告诉这些做了花瓶的学生："想想哦，你完成的作品，可能比你自己活得更久！"我的朋友盯着东倒西歪的陶土，吓呆了。这就是一切的归宿？

我们天生有"留作纪念"的本能：把照片和证书框起来，建造墓碑，在画廊墙上或者演讲厅里印上自己的名字（如果很宽裕的话），在高速公路的地下隧道里和公共厕所的门上涂鸦上自己的名字。而时光无视人类，它侵蚀一切地席卷而过，使这种本能很难实现，甚至我们对未来的询问也充满挑战：我们会留下什么？什么会比我们存在得更久？

*

有一段反复出现的童年记忆，不知道是否真的发生过，就像一块海绵化石嵌在软塌塌的白垩块上。众所周知，记忆并不可靠，当时也没有别人看到发生了什么，而且我年纪太小，记忆如梦似幻，并不准确。

在记忆中，父母、哥哥和我走在费尔丘（Firehills），那是南部海岸靠近黑斯廷斯（Hastings）的长满金雀花的悬崖顶。我在最前面，跑向沙地上的一个岔路口，完全没注意到"禁止步行"的牌子，就跑上了右边那条通往悬崖边的路。在一次次地回顾这个故事时，场景是这样：那条路有一点坡度，所以我看不到前面，坡的另一边应该是一块刚刚塌掉的悬崖。我记得世界突然延展，视线猛然开阔。阳光闪耀的宽阔悬崖，镉黄色的金雀花散发出温暖的椰子香，再往下看，是遥远的闪闪发亮的海。我离悬崖边只差几步的距离，必须立刻停下。

这段记忆——或者这不是记忆而是一段头脑中重现的画面——没有任何恐惧，只是突然强烈地感受到个人身体的渺小和世界的无垠。那是一种不稳定但又非常令人振奋的感觉，就像凝视着流星在银河中划出弧线，或者思索着马里亚纳海沟的深度，或是深邃时间有多广阔——所有曾经的世界，都在我们的视野之外盘旋，被"当下"的川流不息短暂地掠过，等待着再次步入光明。

石与冰

2015 年 12 月 2 日晚上，在巴黎拉丁区的先贤祠中间，12 座每座重约 10 吨的冰山，排成了一个圈。作为丹麦自然历史博物馆的一项艺术活动，这些冰山从格陵兰冰盖远道而来，被丹麦/冰岛艺术家奥拉维尔·埃利亚松（Olafur Eliasson）和格陵兰地质学家米尼克·罗辛（Minik Rosing）制作成了艺术品——"看冰"。

格陵兰冰盖里存有一份独特的气候档案，记录了地球的过往：深时气候。通过埃利亚松和罗辛的艺术品，你可以亲自体验这份档案。于是第二天早上，也就是展出的第一天，我乘"欧洲之星"前往巴黎。天气晴朗，城市里反常地温暖。冰山们——比埃利亚松和他的助手高出好多的冰山——在阳光下熠熠生辉，让人想起新石器时代的庞然立石，或者一块巨大的钟面。每块冰山都像有自己的特殊气质。有的冰山是乳白色的，几乎一点儿都不透明，其他的则全然清澈，足以看到陷入冰中的每一个气泡。

我坐在新古典主义风格的先贤祠台阶上，目睹这一幕。在我背后，先贤祠伟大的陵墓中，安息着一些杰出的市民：伏尔泰、维克多·雨果、玛丽·居里。在我面前则是冰山在融化。远一点看，它们有一种冷峻的蓝色光泽，既熟悉又陌生又美丽。路人靠近它们，很难不驻足凝视，不去触摸它们，不伸手抚过粗糙的冰面。

2015 年，巴黎气候大会（官方名称为《联合国气候变化框架公约》第 21 次缔约方会议）召开，"艺术家为巴黎气候"组织为此策划了一些相应的艺术活动，活动都设置在巴黎的公共空间里。"看冰"展览，就是系列活动中的一个。从先贤祠到整个城市，政治家和官员们在努力促成《巴黎协定》。各缔约国承诺"把全球平均气温较工业化前水平升高控制在 2 摄氏度之内，并努力把升温限制在 1.5

摄氏度以内^①"¹。

在巴黎大皇宫展览馆的玻璃顶上，挂了两个巨大的银色透明塑料球。这件阿根廷艺术家托马斯·萨拉切诺（Tomás Saraceno）的作品名为航空世（Aerocene），展望了一种无废气排放的未来。这种球体可能会在全世界漂流，只依靠太阳的热度和地球表面的红外辐射遨游太空。跨过塞纳河，国家自然历史博物馆内，澳大利亚艺术家珍妮特·劳伦斯（Janet Laurence）用漂白后的珊瑚、海洋生物的骨骼填满了一组玻璃坦克，这些骨骼形式各异，有一些包在白色裹尸布里，另一些则装在管子里，或者悬浮在实验室的烧杯中。她把这个作品称为"深呼吸——礁石复苏"。必须说明：埃利亚松和罗辛作品中的冰山，是在格陵兰西南部的康格鲁亚（Nuup Kangerlua）峡湾处捞出，在制作过程中，没有对任何冰川造成危害。

过去258万年的深时，已经见证过这个星球冰期（也就是冰河时代）和间冰期的循环。我们目前生活在间冰期，格陵兰冰盖则来自上个冰期。那时，地球表面大部分地方就像覆盖了一层白毯，高达1英里（1英里约等于1.6公里）的冰川一直延伸，在北半球铺出壮阔的冰原。后来大部分地方——加拿大、苏格兰、斯堪的纳维亚——的冰在10 000年前融化，但格陵兰仍存续至今。格陵兰冰盖的未来，目前取决于国际合作以及像巴黎气候大会这样峰会的结果。

我们应该都听到过：气温上升，冰川融化太快，降雪不足以弥补失量。这很重要，因为如果所有的冰都融化，全球海平面会上升，消失的就不只是马尔代夫，上升的高度甚至足以淹没伦敦和曼哈顿。融化的格陵兰冰，改变了气温、海洋的盐度，减弱了墨西哥湾暖流。这个洋流的显著减弱很可能会导致西欧的强烈风暴，提升美国东岸的海平面，破坏重要的热带降雨²。

这在文化上也很重要，因为格陵兰冰盖里有地球曾经的气候档案。如果这份档案消失，地球的过去，我们所共有的史前人类历史，也会随之而去。

*

为了了解这份档案，我飞往哥本哈根，去拜访哥本哈根大学冰川学教授、冰

---

① 第26届联合国气候变化大会于2021年11月12日在苏格兰格拉斯哥闭幕，大会就《巴黎协定》的实施细则已达成共识。

芯管理人约根·史蒂芬森（Jørgen Steffensen），一位魁梧而步履蹒跚的人。见面那天，他正好从第29次格陵兰考察回来。他留着浓密的胡子，穿着一件污渍累累的白T恤。我提到大学曾学过古斯堪的那维亚语，他眼睛一下就亮了。一个新版本的《埃达》（ *Snorri's Edda* ）——13世纪关于斯堪的纳维亚的神族生活的散文——刚刚出版。"这是自维多利亚时代以来，第一个新的丹麦语版本，比老书好看很多。"他说。

对史蒂芬森来说，历史一直意义重大。从上学开始，他就擅长数学和物理，但历史课成绩尤其优秀。"我总是拿最高分，每个人都说你应该学历史，我说不，学历史会找不到工作的，但要是学好数学和物理的话，可是扎扎实实哪里都好用。它们就像新的拉丁语。"

在格陵兰，史蒂芬森管理着11位科学家和相关工作人员的考察工作。考察的目标是重新安置整个研究站，他们要搬运150吨的仪器，包括把四层高的穹顶挪到雪橇上，再在广袤的格陵兰冰盖上穿行465公里。在新的研究站，他们规划了未来的营地，把主要的穹顶安置到位，建了车库，还修了一条滑雪道，供雪上飞机降落。图片上可以看到那个穹顶，一个黑色的测地线结构（geodesic structure），最上面是有窗户的小塔，就仿佛漂浮在白雪之上的深色潜水钟。

"干我们这行，很小的事故也可能导致严重后果。"史蒂芬森的野外计划里写道，"我们虽然是科学家，但也有点像水手——特别迷信。所以我们不想乌鸦嘴，说起什么明确的（可能出问题的）事件，因为有可能真的会说中。"

路上，他们采集了雪样，但科学家工作的关键还是冰。史蒂芬森解释说："雪是下到里面的，从不融化，只是会一层一层堆积起来，这些层最后压缩成冰，每一层冰都含有下雪那年的天气情况信息。"科学家们把这些压实的雪以圆柱试形样品（也叫冰芯）的形式采集起来。哥本哈根大学就存储着大约25公里的冰芯，包括世界上最大的深层冰芯（从冰面以下2公里处采集的冰）收藏。

沿冰层往下钻，会远行进入深时。他们取出的冰不只是古老了一点，史前的空气甚至被固定在了深层冰原的气泡里。在格陵兰冰盖的最底部，他们采到的是50多万年前落下的雪。一块冰芯就是现代人类与过去的大气直接接触的罕见机会。这有点梦幻，我感觉，这种转瞬即逝的存在——空气、水——经历了如此宏伟的时间尺度，竟然以这种方式被保存了下来。如果这块冰芯融化，你就可以喝到 50 万年前的雪，呼吸刚刚从冰中气泡里释放出来的 50 万年前的空气。

用冰芯来研究古气候的基本原理是威利·丹司加德（Willi Dansgaard）在 20 世纪 50 年代构想出来的，就在哥本哈根大学史蒂芬森办公室所在的那栋楼里。丹司加德是一位古气候学家、降水专家，2011 年去世。通过一份雨水样品，他能根据研究得出的同位素组成来确定它形成时的温度（比如，如果是氧的重同位素富集，则意味着气温更高）——同样的方法也可以应用在雪和冰上。

他实质上建立了冰芯气候学这门学科。1964 年，他探访了美国在格陵兰西北的世纪营军事基地，并采集了深层雪样，发现美国陆军寒区研究和工程实验室钻透了格陵兰冰帽。这次钻取刚完成，他就申请许可去测量世纪营冰芯的氧同位素。测量的结果促成了又一个项目：20 世纪 70—80 年代，美国、瑞士和丹麦的科学家们开始了戴伊 -3 钻孔，这是第一次纯粹为了科学进行的深层钻冰。

史蒂芬森还准确记得他冰川学职业生涯开始的那一刻。丹司加德正在为戴伊 -3 钻孔项目招募人才，有人建议他问问走廊那头勤奋的年轻物理学学生。"那是 1980 年 7 月 4 日，周五下午 2 点，丹司加德过来，问我愿不愿意去格陵兰，干上 8 周冰上钻孔的项目。我想，听着挺有趣的啊，所以周二早上就做好了准备。"史蒂芬森说。在那趟旅程中，他爱上了冰川学，也爱上了同行的科学家多尔特·达尔 - 延森（Dorthe Dahl-Jensen），也是史蒂芬森最近那次考察的领队。如今他们俩已经结婚，多尔特带领着丹司加德的老团队。孩子们还小的时候，他们只能轮流工作，每隔几年去趟格陵兰，但现在他们可以一起去了。多尔特负责拿基金，史蒂芬森负责把考察安排妥当。"她基金申请书写得特别好，我呢，花钱花得特别好。"他说。

*

格陵兰冰芯档案存储在一个昏暗的零下 28 摄氏度的房间里。成排的纸板箱堆在顶天立地的架子上，箱子上都标着序列号，侧面写着"保持冷冻"。还有专门搬箱子的推车，这场面有点像宜家的展品仓库。

科学家对冰芯的研究是反着来的，他们计算可见的压缩雪的年层，就像你数树的年轮一样。这种计算，再加上地球化学分析法等其他方法，就创造了基于冰芯的时间尺度。通过研究冰自身的化学组成，他们可以构建出以往气候的细节图景，包括本地温度、二氧化碳浓度等信息，还可以根据冰内灰尘构建出全球风场模态。他们希望这些数据能帮我们理解气候系统在过去和现在的模式，以及在未来还会如何变化。

1980 年史蒂芬森的第一次考察中有一位历史学爱好者，亨里克·克劳森（Henrik Clausen）。"他会说，我们现在到的这一层对应着法国大革命的爆发，那几年天气寒冷，庄稼歉收，饥寒交迫；而现在呢，我们到了维京人出发迁入冰岛和格陵兰的时代。"史蒂芬森说，"冰芯可以告诉我们不同时期的气候，以及它们怎么影响了历史的进展。我特别痴迷于此。"

一些关注历史的访客们常常会要求看一看某块具体的冰芯。在我之前，美国大使向史蒂芬森请求看叫作"诞生冰（the nativity ice）"的冰芯：在公元前 1 年和公元 1 年之间，它以雪的形式飘落。"所以同事和我就想着，要是有一天我们钱用完了，也许可以把这块冰融了，卖给圣彼得教堂，供特殊时刻用……"

史蒂芬森要给我看的那块，比诞生冰还要古老，它来自一个叫作 NorthGRIP 的芯——能数出 60 000 年前的冰层。（在冰芯深处，更遥远的过去，那些冰层里的冰并不分明，已经不便用视觉测量计数法了。）

我留在门边，史蒂芬森转头去了一条侧廊，嘟囔着第 48903C16 号盒子。看着他走远，我努力不去想那种被关在冷冻仓库里的电影场面：零下 28 摄氏度非常冷，圆珠笔里的油墨已经被冻住了，鼻子里微小的体毛也冻住了，我跺着脚等着。"人类倾向于把遥远的过去压缩得很短。"他说。说到深时，我们轻轻松松就聊起几千年、几万年，甚至百万年、亿万年。即使历史书上写到人类历史，也是几百年一跃而过——中世纪、文艺复兴时期——但离现在越近，我们能感受到的时间越长。人类的大脑如此自然地把过去进行压缩，而科学家对深时的研究就是一种解压缩。恢复过往时间，这是我期待的。

史蒂芬森带着第 48903C16 号盒子出来，打开，里面是被聚苯乙烯包着的袋子。每 55 厘米一截的冰芯被包裹在一个标好数的塑料袋里。他提起第 2712

号袋子，我们看到的是埋在 1400 米以下的冰——比本尼维斯山 ① 还高，比 4 个埃菲尔铁塔堆起来还高。这块冰芯于 11 700 年前形成，那是更新世的最后几个冬天 ³。

从人类角度来看，开始于 258 万年前的更新世非常重要，因为这是智人出现、开始采集和狩猎的生活，并与尼安德特人共存的那个地质年代。我们看见的那块冰，曾是格陵兰的雪，而且应该是降落在成群的猛犸象和毛茸茸的犀牛上。彼时的英国，还是一个连在欧洲大陆上的半岛，北美不是埋在冰下，就是一块永冻土荒原。小的冰川依偎着澳大利亚南部的崇山峻岭。第 2712 号袋子里，是更新世最后的冰芯，在微光中晶莹闪烁。其中飘着一些奇特的云带似的纹路，史蒂芬森说，这是被冻在里面的亚洲灰尘颗粒。他取出另一块，是这个序列里时代稍晚一点的冰芯。这一块在更温暖、更平静的气候条件下形成，所以看起来完全不一样，更清澈，只有一两个空气泡泡。在这两块冰芯形成的时间之间，世界已天翻地覆。气候很快暖和起来，冰原褪去，猛犸象和其他大型的哺乳类动物相继灭绝，尼安德特人也灭绝了。全新世来了。

全新世（意思是全然最近的）开始于 11 700 年前（从 2000 年开始往前算的，计数误差 99 年）。进入全新世的正式转折点被记录在 NorthGRIP 冰芯中，1491.4 米深的那层。写作的此刻，是我们自己的地质纪元，是我们所栖息的深时的一部分。我眼前的这块全新世冰芯，来自一个全新世界的第一场雪。在全新世，游牧式的采集狩猎生活方式转换成了农业，人类开始学会以社会形式定居。人口因此大量增长，我们的祖先们学会了冶金、写作、使用钱币、纺织，以及最终，发现了化石燃料，发明了内燃机。

从另一个角度来说，我们看到了文明的开端。

*

20 世纪 70 年代，丹司加德在冰芯里的发现完全是个意外。史蒂芬森从办公室计算机上打开了一张图，图上显示，在上一个冰期中段，格陵兰的温度在短短不到 20 年中暴涨 16 摄氏度 ⁴，就像曼彻斯特突然变成了里约热内卢。更奇特的是，

———————————

① 英伦三岛的最高峰，高约 1345 米。

温度又突然直接下跌。这种事发生过远不止一次。丹司加德发表数据时，学界表示很疑惑。如果这是真的，为什么以前没有记录？哪里会有确实的证据呢？还是说，这或许只是个技术故障？

"没有证据，是因为人们根本没有注意过。没人意识到应该看得这么细致。"史蒂芬森说。我们此前看不到那种急剧的温度波动，是因为没有把时间充分地解压缩，或者扩展到有足够的细节。1981 年，戴伊 -3 测量场地的冰芯确认了丹司加德的发现，接下来 40 年又不断发现了其他的气候记录：花粉沉积、海洋沉积物和钟乳石，都揭示了相同的模式。温度的摇摆现在被称为 D-O 事件（Dansgaard-Oeschger events），以丹司加德和一位瑞士同行奥斯切尔（Hans Oeschger）命名。

不到 20 年，温度暴涨了 16 摄氏度。如果不是区域性和整个半球的气候巨变，是不可能产生这样的温度变化的。史蒂芬森说："这也意味着，同时代的欧洲，也应该有同等程度的风雨模式的改变，迫使动物和人类迁徙。"不到 20 年，这些地方从适宜生存变成无法生存。我们一般认为地质过程是缓慢而笨重的，但这里，地质过程却极其迅猛。我们知道，阳光照耀提供能量，地球轨道上微小而复杂的变量影响了不同区域获得的能量，然后触发冰期。D-O 现象是很怪异的，其原因仍在争议中，但一些科学家认为，冰期的二氧化碳水平上升到了一个引爆点，引发了一系列的连锁反应，最终导致温度暴涨[5]。

"有些时期的气候系统是十分不稳定的，甚至极小的波动也会引起翻天覆地的变化。"史蒂芬森告诉我。虽然没有证据显示现在的气候也会变得如此之快，但重要的是，我们知道了这么快是有可能的。和更新世之前的气候相比，我们全新世可谓格外稳定。就是因为这么稳定，农业才可以发展壮大，人类社会才能枝繁叶茂。我们知道，这种稳定性并不一定是正常的。在访问的尾声，史蒂芬森得去接女儿放学。我们一起走到停车场，正赶上下班高峰。阳光在窗玻璃上闪烁，一架飞机拖着一条尾气云在头顶飞过。我问史蒂芬森："从古气候学家的视角来看，未来会有什么样的挑战呢？"

"农夫杀死了猎人。我们现在是该隐之子①了，我们对气候变化这么敏感，比人类历史上任何一个时间点都要敏感。"他说，"我最大的恐惧是我们不经意地做了什么事，可能就会影响到粮食生产，导致我们需要雨的地方突然会不下雨，不需要的地方会突然下起雨……这就是我最大的恐惧：改变太迅速，农民无法适应。"

*

下午两点，先贤祠的冰山开始冒汗了。埃利亚松太受欢迎了，所有人都在找他。我跟一个做冰川形状珠宝的年轻人聊天，他热情地说："我们是直接从冰的表面倒的模。"慈善组织朱莉的自行车是帮助艺术组织评估、管理、减少环境不良影响的，他们的一位女员工告诉我，"看冰"展的碳足迹是 32 吨二氧化碳——相当于 30 个人从巴黎飞回格陵兰首府努克的消耗。此时一个没有父母看管的小孩，舔了一口冰。

跟埃利亚松的其他作品一样，"看冰"首先引起的是一种生理上的直观反应，然后才是退后一步从认知的角度思考这种体验。按照埃利亚松的说法就是，先"哇"再"啊"。在巴黎气候大会上，他最希望人们由此想到的当然是气候变化。他的网站上写着：

作为一位艺术家，我希望我的作品能触动观众，使曾经看似抽象之物变得现实。艺术可以改变人对世界的认知和视角，而"看冰"使气候挑战变得触手可及。我希望它可以引发共识，大家一起采取行动面对气候变化。

我看着水从冰山一滴滴掉落在路石上，流过大厅。是太阳，是路人的手融化了冰。这就是气候变化的缩影，你可以亲手摸到。格陵兰地质学家罗辛，据我观察，他的个头比大厅里的所有人都高。他的父亲，设计了格陵兰的盾徽，他最近关于广袤的古格陵兰岩石的研究，把已知的人类起源的时间又提前了几百万年。"科学家们通过研究冰层来了解古气候，但你也能了解一些古人类社会。"他告诉我。

---

① 该隐为《圣经》中的人物，因杀害兄弟亚伯且向耶和华隐瞒，被视为罪恶的化身。该隐之子通常指背负着罪恶，会注定受到惩罚的人。

冰里能看到工业革命——以二氧化碳、硫、甲烷水平猛增的形式出现。还能看到钱的发明（至少是公元前 6 世纪希腊人对金属硬币的广泛使用）——一种金属的含量激增，那就是铅——银制品的副产品。至于 1929 年经济大萧条时，冰中的二氧化碳水平略有下降。冰就是全新世人类的档案。"一方面它告诉我们气候正在怎么变化，另一方面也帮助我们理解一些历史背景。"他说。

在深层的未来，我们的足迹也会被记录在冰层里。就像往后看，我们会发现20 000 年前更新世的故事。所以，如果格陵兰的冰保存好了，任何 20 000 年后的地质学家都可以通过它来判断《巴黎协定》是不是成功了。当然，如果那时冰已经消失了，那么它们自身，便是答案。

*

《巴黎协定》于 2016 年 11 月 4 日开始生效。很多人都很失望。他们抱怨，因为每个国家都是自愿限排的，这份协定效力太弱了，而且，即使达到了目标，我们仍然迈入了全球变暖的危机中。那些满怀希望的人可能会指出，在格陵兰冰盖里就能找到国际公约有效的证明——里约协议的直接结果就是 1985 年格陵兰冰盖中硫酸水平的下降。而且已经 20 多年也没能形成一个关于气候变化的全球共识，任何协议都必须算作一份历史成就。只有叙利亚和尼加拉瓜没有签署《巴黎协定》：叙利亚因为国内战争无暇他顾，尼加拉瓜宣称这份协议太没用了。

2017 年，唐纳德·特朗普（Donald Trump）让美国退出了协议，一时全球惊恐。"如果特朗普抛弃了这份协议，美国就是失败者。"《彭博商业周刊》头条如是写。连埃克森美孚，美国的油气业巨头都认为这是很糟的决定。加州、纽约和华盛顿则都同意遵守《巴黎协定》。2021 年上任的拜登总统让美国重回《巴黎协定》。

我跟史蒂芬森说："还有人否认气候变化。"他说："我一直觉得这种事很有意思，人们似乎根深蒂固地不想去看证据，就愿意简单地理解世界。有一些人的信念是，宗教和气候变化是不相融的。我也是位好基督徒，但是在我大脑里，有给科学的空间，也有给基督教的空间，它们互不打扰。科学从来不是为了否定上帝的存在。你可以看看天，知道那里有银河系，有暗物质，什么都有，但这并不会减少一丝一毫的美和神奇。"

同时，在格陵兰，冰原继续融化。每年夏天，冰原的边缘会融化一些，虽然整体上还是在增长。2016 年《科学》（Science）杂志报道，融化开始得很早，而且更快延伸到了内陆。到了 4 月，12% 的冰原表层融化了，但预估的平均数据是，最晚到 6 月融化也不会超过 10%。这种速度让研究者们震惊。"事情发生得比我们想得快多了。"地质物理学家伊莎贝拉·韦利康纳（Isabella Velicogna）说[6]。

2018 年，基于卫星观测和对冰原和模型的分析显示，格陵兰冰盖的流失率是 350 年来的最高点[7]。2020 年，科学家安迪·阿什万登（Andy Aschwanden）在《自然》（Nature）上写道："我们'越来越确定，除非温室气体排放持续减少'，不然到 25 世纪'格陵兰的冰会以史无前例的速度消失'。[8]"

*

下午 3 点，水朝着埃菲尔铁塔方向顺流而下。人们对着冰自拍、互拍。你得靠得很近才能感觉到北极冰冻水的寒气。

我时常想起哥本哈根地下室的冰芯，格陵兰 170 万平方公里的冰盖的冰越少，那些冰芯就越重要。可能有一天，我见到的那些冰芯会成为世界上唯一的冰。

埃利亚松帮美国有线电视新闻网拍完了一段节目，过来我和罗辛这边，指着冰川摇摇头说："我们本来想着那些冰能撑过大会呢。"罗辛点点头："大概只要三四天它们就会消失了。"

如果地质学家也有朝圣地，那应该就是西卡角（Siccar Point）——苏格兰东海岸，爱丁堡往东 40 英里，贝里克郡边上的悬崖下一块小小的岩石岬角。很多地质学教科书的开头都能看到它的照片，纽约的美国自然历史博物馆里也陈列着它的青铜铸件。地质学学生们都知道这是"赫顿不整合"（Hutton's Unconformity）的发现处，以 18 世纪苏格兰农场主和博物学家赫顿命名。赫顿奠定了现代地质学的基础，彻底改变了我们对时间的理解。

从小村子科克本斯佩斯（Cockburnspath）前往西卡角的路，沿着海岸线，一边是北海的棕色软泥，另一边是红土荒地，在潮湿的绿草边闪着微光。金雀花正盛开，空气有着特殊的椰子一样的香甜。阴天，我穿着防水外套。塑料地图盒里夹着一张地形图（Ordnance Survey），我先生乔尼是拒绝看的。他长于乡村，对颜色鲜艳的雨衣和地图盒，还有那种正式的散步装备都很不屑。我曾是女童子军（Girl Guide），对我来说这才是做好准备。

这条路穿过圣海伦堂（St Helen's Chapel）的碎石废墟，在灰白天色中露出暗暗的轮廓，又穿过一个蔬菜加工厂的门口，然后突然向上，爬上一个陡峭得几乎是直角的长满草的悬崖，悬崖向下的远处，才是光光石头的西卡角。

1788 年，詹姆斯·赫顿（James Hutton）和他的好友普莱费尔、詹姆斯·霍尔爵士（Sir James Hall）乘船来到这个角。在陆地上，我意识到，我得手脚并用才能趟过这陡峭的绿悬崖。朝圣之旅的终点是一条长长的、稀而滑的红泥路。一块牌子上写着："安全警告。下坡陡峭危险，请谨慎前行，后果自负。"这可完全不是鼓励。有人还在晃悠悠的木篱笆上系了一条红绳子；如果你一小步一小步地挪动，不去看被海水拍打的石头的话，还是可以抓住这条绳子往下走的。

最后有人开口说："那，我们走吧？"

*

时间曾浅。"这个可怜的世界差不多有 6000 年的岁数了。"莎士比亚（Willian Shakespeare）的《皆大欢喜》¹ 中，罗瑟琳德跟奥兰多说。1623 年，莎士比亚全集第一对开本（*First Folio*①）出版时，这个 6000 年正是当时的共识，剧作家和伟大的科学家如德国天文学家约翰内斯·开普勒（Johannes Kepler）都很支持。1658 年，爱尔兰大主教詹姆斯·厄谢尔（James Ussher）决定性地解决了这个世界年龄的麻烦 ²。他使用《圣经》里的纪年来确定当前的世界历史，宣布世界开始于公元前 4004 年 10 月 22 日。他还特意指出这一天——是一个周日——里的特定时刻，大概在傍晚 6 点左右〔历史学家马丁·路德维克（Martin Rudwick）指出，厄谢尔并不是我们如今称为"神创论者"或者"年轻地球创造论者（Young Earther）②"这类人物，他其实是那个时代主流文化生活中的一位公共知识分子——他用到了当时最先进的科学理论 ³。有很多其他思想家都尝试解决这个著名问题，比如牛顿。〕厄谢尔过世后大概 50 年，他确定的这种历法被詹姆斯国王钦定版英译圣经加在了页边上，在此后 200 年都是权威。

但到了 18 世纪中期，这个故事开始动摇。"比如说，中国人，就嘲笑诺亚遇到大洪水的故事，觉得洪水应该发生在公元前 2300 年左右"，传记作家斯蒂芬·巴克斯特（Stephen Baxter）写道 ⁴。欧洲传教士发现"中国的书写历史远远久于这个年代，但是完全没有提到任何毁灭全球的洪灾"。在欧洲，具有科学思维的思想者们开始提出自己的尴尬问题。法国的布丰伯爵，即博物学家勒克莱尔（Georges-Louis Leclerc），确信地球的年龄远大于 6000 年。他打算要证明这一点。

17 世纪德国博学的莱布尼茨（Leibniz）也推测地球起源于一个熔融球，至今仍有一颗熔融核。这符合布丰自己的观察——比如，矿山越往下，温度越高。如果布丰可以算出这颗热球冷却的速度，就能算出地球的年龄。1780 年，他开始了

---

① 1623 年，在莎士比亚去世 7 年后，由他的朋友出版的莎士比亚第一部全集，其中 18 部作品是首次出版。以对开形式印刷，因此被后来的学者叫作"第一对开本"。

② 神创论的一个分支，按照字面意思理解《圣经》，认为上帝就是在 6 天里创造了世界和人类，而地球的年龄为 6000 岁左右（最多 10 000 岁）——跟"古老地球创造论"认为的 46 亿年相比，相对年轻太多。

一系列的实验，把铁球加热到熔点，计算冷却时间。当时用的温度计很是粗糙，布丰为了有效测量，转而测量需要多久可以安全地冷却到"手握铁球一分钟"。"有时人也会受伤"，地层学家和古生物学家扬·扎拉斯维奇（Jan Zalasiewicz）写道，"更糟的是，布丰意识到女性的手（更敏感，你知道的）是最好的测量仪器[5]"。1778年布丰在著名的《自然史》（*Des Époque de la Nature*）发表了自己的结论，扎拉斯维奇用业余时间翻译了这本书，并指出，关于地球的历史，这是第一个基于科学的描述。书中，布丰宣布了地球的新年龄：不是 6000 年，而是 75 000 年。

在那个年代，挑战宗教正统的写作不啻为在职业上自掘坟墓。在布丰求真的革命性书中，有一部分讨论了他关于地球的"纯假设的想法"，这些想法独立于所有的假设，不可能损害宗教信仰中"无可辩驳的真理"，扎拉斯维奇写道："基本上，这个策略是有用的。"布丰避免了麻烦和丑闻，同时秘密相信地球年龄比 75 000 年更为久远，他的一些没发表的手稿显示，这个数字更接近于 300 万年[6]。

即使是 300 万年，布丰的地球也太年轻了。但是他做出了重要的尝试——设想地球存在了更久远的时间——没有这个概念的话，我们现代的地质学、物理学、天体物理学甚至演化论的理论就没有可能存在。达尔文理论要成立，也有一个前提：生命有足够长的时间演化。

1778 年，时间还太浅。10 年之后，赫顿在西卡角会遇到这个挑战。

*

我从图书馆借来的爱丁堡导览中的名人录上，并没有赫顿的名字。皇家大道上，经济学家亚当·斯密（Adam Smith）和哲学家大卫·休谟（David Hume）的雕塑伫立，赫顿对人类的启迪与他们相当，但这里没有留下痕迹。休谟穿着一件罗马袍，看起来气色很好，露出松弛的胸部，最下面是金色的脚趾，哲学系的学生们考前总要来摸摸他的脚趾，蹭点好运。赫顿埋在老城里的葛莱菲墓地，但墓地网页上的知名逝者的名单里也没有他。在一个潮湿阴霾的早晨，我们寻找他的墓碑。墓园里有很多西班牙游客在锃亮的粉色花岗岩墓碑前自拍，那是一只叫作"忠犬波比"的凯斯梗的墓，传说，这只狗守在主人墓前 14 年。这只狗显然比赫顿有吸引力得多，毕竟如今我们都看不到赫顿了。

在墓园里逛着，我们和白头发的教会执事聊起天来。他正在进行主日后的清理。我们来看赫顿，他很高兴，他曾是物理专业的学生，对自己的墓园和这位伟人的关联感到荣幸。他让我们等着他去取钥匙。

赫顿的墓在我们视野之外。那是一个被门和墙围住的安静地方，里面是两排独立的家族墓园。他随母亲被埋葬在巴尔福墓地。多年来，这块墓地丝毫没有提及赫顿的名字，直到 1947 年，一块简洁的灰白色花岗岩方碑接在红砖墙上：詹姆斯·赫顿，1726—1797 年，现代地质学的开创者。

"有点伤感"，我对执事说，"这么久以来，18 世纪最重要的思想者之一，默默无闻地躺在没有标记的坟墓里，直到现在他才有一块这么朴素的墓碑。"执事侧过头去，"这取决于你认为死亡只是结束还是通往别处的路，"他说。或者，如赫顿所说："我们要把死亡当作一条从此到彼的通道 7。"

赫顿，1726 年在葛莱菲不远处出生。他的父亲是一位商人及爱丁堡市财务主管，在赫顿 3 岁时过世，留下贝克里郡的两个农场和养家之责。在爱丁堡学了医学之后，赫顿同爱丁顿（Edington）女士结婚，1747 年生下独子。早年的生活，包括他太太，都没有太多相关记载，显然赫顿除了给予经济支持外，并不怎么顾家。他在巴黎继续学医，但 1750 年到 1754 年间他不但没有行医，反而跑去东安格利亚和低地国家①学习农业。1754 年他搬到自家的斯莱农场，热切地把自己所学的现代农业技术投入其中。一些传记作者推测，私生子的传闻，以及作为家长的经济压力，是他决定离开爱丁堡的原因。不管实际如何，这次搬迁让他开始了为之奉献一生的地质工作。

习惯了城市里丰富的精神生活，农场主赫顿过得凄惨不堪。他决心打造一个好农场，整日忙于各种体力劳动，把石头从地里搬出来，挖排水沟，等等。过去的学习经历使他特别关注周围的石头和地貌。劳动时，他也特别注意到了苏格兰低地。"赫顿面临的一个困难就是大量的水土流失。"赫顿研究所的主任科林·坎

---

① 东安格利亚：英格兰东部沿海地区，包括目前的诺福克、萨福克、剑桥等地。低地国家指荷兰、比利时、卢森堡三国。以上地区和国家临近北海和英吉利海峡，农业发达，因此赫顿前往这些地方学习农业。

贝尔（Colin Campbell）说，"他不停地想怎么才能把土壤留在地里，不要随雨水流到河里去[8]。"

当时的正统科学并没有关于地球形成之后还在不断生长的解释——只有对其毁灭的解释。如《圣经》教导的：创造，只出现过一次。如果这是真的，所有的山脉，随后是陆地，最终都会消逝。但赫顿开始相信，地球有一个更新的过程。他在农场里使劲想要固定的土壤和被侵蚀的岩碎片，如果它们能再次出现呢？如果它们最终凝固成一块新的石头呢？如果土地，就像能被毁灭一样，也能被创造呢？

*

2.8 亿 ~2.2 亿年前，苏格兰马丽湾和英格兰中心大部分区域都是一片干热的沙漠。从全球来看，海平面下降，水褪去，露出巨大的沙质平原。在跟如今波斯湾的盐滩类似的广阔盐滩边，形成了沙丘。其中一些沙变成我们称为新红砂岩的岩石——虽然是更暖、更柔和的玫瑰色。19 世纪晚期，人们就选用了新红砂岩来建造苏格兰国家肖像画廊，位于爱丁堡女王街上的一座塔楼式哥特复兴建筑。外墙上有赫顿的一座小小雕像，赫顿学者艾伦·麦卡迪（Alan McKirdy）告诉我，大部分人只是匆匆经过，根本不知道这雕塑是谁。画廊里面，有亨利·雷本爵士（Sir Henry Raeburn）绘制的赫顿像。一个午后，我前往瞻仰。

关于赫顿性格的记载大相径庭，他有时是苦行僧，有时是浪荡子。他年轻时的朋友和第一位传记作者普莱费尔说："他吃得很省，也不喝酒，薄薄面孔，呈现出非凡的敏锐和思维的活力，而且真诚朴素，生来与虚荣和自私无缘，既不彰显自我，也不隐藏丝毫，是位坦荡君子。[9]"斯蒂芬·巴克斯特则声称赫顿的信里呈现了一个"热情、冲动、粗鲁、有趣、贪于享乐、时常买醉"[10]的形象。麦卡迪说："他喜欢白兰地酒。[11]"

雷本的画像里，他身着棕色外套，马甲和马裤，没有发套，长鼻子，高高的额头，靠后的发际线。一张桌子上摆着一些草草画成的岩石和化石贝壳，旁边是未出版的手稿，名为《农业的要素》——这是赫顿 14 年农场主生涯的智慧结晶。罗伯特·史蒂文森（Robert Stevenson）这样描写那副画像："地质学家赫顿，身着教友派服饰，笔挺整洁，他心无旁骛，更关心化石。[12]"旁边还有一幅他的朋友约瑟夫·布莱克（Joseph Black）的画像，这位化学家带着假发的脑袋泛着亮光，他面对观众，握着一支试管，手臂伸展，而赫顿有点尴尬地坐在旁边的椅子上，跷着腿，手谨慎地叠放在腿上，悲哀地凝望着远处。布莱克看起来像是正在进行一场讲座，赫顿则像更希望自己在别的什么地方。

画像的时候，41 岁的赫顿回到爱丁堡，同姐妹们生活在一起。任何同他名字牵扯在一起的丑闻都逐渐消失，他的财务情况也好转。早些年他的一名旧友詹姆斯·戴维（James Davie），设计了一种方法，从烟囱里的煤烟里提炼出氯化铵，在赫顿的时代，铵盐、氯化物和铜、锡一起被用于染料行业。这种盐以前只能从埃及进口，赫顿和大卫的生意盈利颇丰，最后获得财务自由，终于不用靠农场维持生计。他身处苏格兰启蒙运动的智力激荡的中心，他的朋友们和同辈们的名字就是一张大师列表：休谟、普莱费尔、斯密、布莱克、工程师詹姆斯·瓦特（James Watt），诗人和作词家罗伯特·彭斯（Robert Burns）。跟斯密一起，他们成立了一个叫"牡蛎俱乐部"的绅士晚餐俱乐部。"喝着红葡萄酒，"巴克斯特写道，"根据吃饭的时候喝的量，一位绅士会被称为两瓶人或者三瓶人[13]。"

在充满了化石和不同化学装置的研究里，赫顿鲜少有时间坐下，他孜孜不倦地研究从经营农场时开始研究的理论。他思考着，究竟什么样的力量能把侵蚀的碎石和沙粒变成新的岩石呢？这些从水下形成的岩石，是怎么抬升又变成新的陆地的呢？

根据普莱费尔的记录，他在 1780 年找到了答案。开始他只是同普莱费尔、布莱克和另一个朋友约翰·克拉克（John Clerk）讨论他的猜想。"他不急于发表自己的理论，比起新发现得来的赞扬，他更喜欢沉浸于思考真理，他就是这样一类人。"普莱费尔写道[14]。但 1785 年，他的论文《地球理论》（*Theory of the Earth*）在爱丁堡皇家学会的两个会议上宣读。他找到了那个困境的答案：热量。

赫顿论证了地球是一个一直在毁灭与重建中无限循环、永久更新的系统——理解了现在的物理过程就可以解释这个系统。像布丰一样，他提出地球的中心是一颗熔融球。从球的中心散发的热量促使了新岩石的形成。有一些岩石融化然后冷却，形成了火成岩，比如花岗岩，同时在海洋里，沉积岩则经过烘烤过程凝固在一起。如今我们知道，正是热量驱动板块迁移，形成大陆和土地的抬升。

根据地质学家和广播节目主持人伊恩·斯图尔特（Iain Stewart）的讲解，200多年前"赫顿几乎全想对了"[15]。但是在爱丁堡，他的观众们反应各异，有的对此漠不关心，有的产生了误解，有的则很有敌意。

赫顿指出，岩石自沉积物产生，就是过去"世界更新演替"的证据——这种更迭显然是为了更宜居的地球。他用到了大概是地质学上最著名的一句话：因此，我们如今追寻的结果是地球没有开始之迹，也没有结束之相[16]。

麦卡迪和唐纳德·麦金太尔（Donald McIntyre）写过："他的反对者们歪曲了这句话，他们认为赫顿说的是，从没有开始过，也不会结束。"[17]他最大的痛苦在于被指责为无神论者。对赫顿来说，地球注定要毁灭这个概念，听起来非常异端，跟一个慈爱的上帝形象完全相悖。

被皇家学会的经历所伤，60岁的赫顿意识到，要说服人们接受他的理论还需要更多证据——而为了收集到证据，他需要回到岩石本身，即"上帝之书"，他把自己收集的样品称为"上帝用自己的手指所写下的书"[18]。

*

西卡角最底端，我站在赫顿1788年回访过的平坦石板上。天色灰白阴沉。拍击岩石的海浪声哗哗响，水是绿草经年浸泡的颜色。求证之路到了这里，赫顿已经寻访了苏格兰各处，还花了3天去了一趟佩思郡高地格伦角。在那里，他发现粉色的花岗岩脉络穿透了灰色的变质岩，这证明粉色花岗岩肯定是融化了以后才混在一起的，也因此比灰色岩石要年轻。（花岗岩的年龄是赫顿理论惹恼读者的另一个原因，传统观点认为，在最古老的岩石中没有年轻岩石。）

格伦角考察之后几年，赫顿和霍尔进行了一系列的实验，发现了更多证据来说明热量和强压在岩石形成中的角色。他们越来越明确，毁灭重建理论是对的，那么这个过程所需要的时间必然是无法想象的浩瀚。为了找到新的证据支持这个新的论点，他在1788年6月的一天乘船去科克本斯帕斯附近绿草覆盖的悬崖边研究裸石，然后来到了西卡角。

石头开始看起来都一样，沉郁的灰棕色，这里一些斑点，那里一些芥末黄的苔藓。等我的眼睛适应了，慢慢地，它们开始呈现。当然可能是我的视角在改变，但更像是石头自身——就像看着宝丽来显影一样，或者是调整一个电子文件的亮度。眼前有两种岩石，色泽和形状都完全不同。水平那层是一种是暗暗的灰粉色，如新调的石膏颜色。下面则是斑驳的亮灰色岩石，带一点蓝调。岩层几乎是垂直的——像挂在档案柜上的一扎纸。赫顿、普莱费尔和霍尔一起乘船到达的时候，他意识到这两种岩石的形成里一定有一个传奇而激烈的故事。

灰色的是砂岩的一种——硬砂岩——是水平层先在海底形成，然后猛地向上扭转 95 度的结果。之后，时过境迁，新的岩石、新的世界在硬砂岩上出现。它们被侵蚀，然后驻扎在灰色砂岩之上。最终这种新的物质继续黏合，变牢固，转变为新的岩石——老红砂岩。1788 年，从他的斯莱农场开始，赫顿已观察到他周围这种侵蚀和沉积的过程足够慢，慢到可以证明需要远久于 6000 年或者 75 000 年才能创造西卡角的地貌。从这些岩石开始，赫顿可以想象地球缓慢而无限的循环。普莱费尔之后写道："只是如此凝望深渊，灵魂都会眩晕。[19]"

*

1791 年，布莱克写信给瓦特，告诉他赫顿病重，情况危急。虽然最终康复了，这种病痛（大概是前列腺的问题）的折磨却是赫顿健康的转折点，之后他便频繁生病。

那时他仍住在爱丁堡，就在圣约翰山老城过去一点儿的游乐园边的房子里。这幢房子早已消失，但 1997 年，人们在原址上修了赫顿纪念花园。那里从 1960 年开始就是荒地，它是一个奇怪的地方：夹在大学宿舍楼和通风管轰响的多层停车场背面之间，深绿的杜鹃花丛和一些烟头绕着一小块碎石丛。来自格伦角的两块大圆石上的花岗岩脉络，证实了赫顿关于花岗岩起源的研究，来自邓布兰的 3 块砾岩（粗颗粒的沉积岩），呈现了赫顿对周期性地质过程的理解。

巴克斯特告诉了我们赫顿去世时的情况。1797 年 3 月 26 日，周六，赫顿在剧烈疼痛中醒来，他试图工作，为矿物分类系统的命名做些笔记，但疼痛在加剧。

当天晚上，尽管他吃了药，但为时已晚。赫顿躺在床上，可能正被他的地质学文章们环绕，他最后的动作是向进门的医生伸出手。[20]

*

赫顿使人类对时间的认知由浅入深，就像哥白尼、伽利略、开普勒宣传太阳而非地球是太阳系的中心一样，赫顿带给我们的也是根本且意义深远的。但在世时，他伟大的理论从未被广泛阅读或理解过。人们常常把这归咎于他的稠密又佶屈聱牙的写作风格。连他最大的粉丝普莱费尔，也绝望地谈到他的"冗长而晦涩"[21]。

如果不是得益于那些陪他一起去西卡角的朋友们的努力，他的工作成果可能早已全部消失。赫顿过世后，普莱费尔作为他的代言人写了一封满是赞扬的传记（1803 年），以及对他伟大理论的一份简单介绍：《赫顿地球理论说明》（*Illustrations of the Huttonian Theory of the Earth*）。1824 年，霍尔爵士返回西卡角，一起去的还有一位来自史特模镇的热情洋溢的年轻人，这就是即将成为 19 世纪上半叶英国最杰出的地质学家的查尔斯·莱伊尔（Charles Lyell）。

莱伊尔，建构了现代地质学更基础的部分，在他的《地质学原理》（*Principles of Geology*）中发展和推广了赫顿的思考。这本书写得轻盈且浪漫，迅即引发 19 世纪的轰动。首印的 4500 册很快就售罄，随即马上加印。与赫顿相反，莱伊尔变成了名流，就像他那一代的布莱恩·考克斯（Brian Cox）。他在麻省演讲的时候，有 4000 多人抢票[22]。

达尔文在《物种起源》（*On the Orgin of Species*）里写道[23]："莱伊尔爵士的《地质学原理》将被后世历史学家公认在自然科学中掀起了一次革命，凡是读过这部伟大著作的人，如果不承认过去时代曾是何等久远，最好还是立刻把我的这本书合起来不要读它吧①。"通过莱伊尔，赫顿关于"地球目前的地质变动能解释历史"的思想演变成了"均变论"，一代代地质学学生把它总结成"现在是认识过去的钥匙"。

也有很多反对莱伊尔的人，他们支持另外一种地球历史理论。著名的法国古生物学家乔治·居维叶（Georges Cuvier）的研究就被用来支持灾变论，他展示了

①　译文摘自商务印书馆 1997 年出版的《物种起源》。

猛犸象不同于大象，也不同于地球上现存的任何生物，于是被认为"发明"了灭绝。灾变论者通过他的研究说明，地球的历史并不是缓慢稳定的循环，而是一系列突发的迅猛的灾难性事件，比如火山爆发或者物种大灭绝。

这两种观念都有一些可取之处。目前大部分地质学家都是结合了这两种理论，构建了地球由一系列缓慢而稳定的周期性演化，同时夹杂着一些地域性或全球性的灾变事件共同组成的深时世界的图景。

*

赫顿所见的地球是"既无开始之迹，也无结束之相"，但 19 世纪和 20 世纪，科学家的努力给了世界一个实际的年龄。1897 年，苏格兰数学物理学家劳德·开尔文（Lord Kelvin），像布丰一样假设地球始于一个熔融球，以稳定的速率冷却至现今的状态，他估计这个时间是 2000 万 ~4000 万年。1900 年，爱尔兰物理学家、地质学家约翰·乔利（John Joly）测量了海洋里的盐分，把开尔文的估计扩展到了 9000 万年。科学家们越来越准确，但是数字离真实仍然十分遥远。

最后，是 20 世纪放射性测量的发现解决了这场讨论。1913 年，英国地质学家阿瑟·霍姆斯（Arthur Holmes）采用放射性测量制作了第一张年代地层表。根据铀放射性衰变成铅的时间，他计算了石头的年龄，发现地球上最古老的岩石至少 16 亿岁。20 世纪 50 年代，人们用同样的方法计算出了地球的年龄是 45 亿年，目前的数字则是 46 亿年——一个布丰、赫顿、莱伊尔和他们的同辈人无法想象的数字。

我上次参观南肯辛顿的自然历史博物馆，馆长正在向普通观众讲解这个数字及人类在其间的位置，他用了一个熟悉的钟面比喻：如果用 46 亿年代表 24 小时，那么在午夜之前 2 分钟，人类才出现。

这种比喻强调了我们人类的短暂和渺小，而莱伊尔在霍姆斯发表放射性测量研究之前 60 年就已过世，但他很可能会是第一个拥抱这种结果的人：在深时面前，个别物种实在无足轻重[24]。不过对完成了《地质学原理》第一卷的莱伊尔来说，这种无足轻重也只是自然奇迹的一种呈现。为了庆祝地质学的飞跃和深时世界的发现，他愉悦地写道："虽然我们只是旅居于地球表面，囿于方寸之间，委于刹那光阴，但人类不仅能用凡人之眼丈量世界，还能追寻至我们存在之先的那无垠时光[25]。"

*

在蓝天和悬崖之下，我们蜷在西卡角的岩石上。在这里，大概 230 年前，浅浅的时间变深了。我们弯下腰，手放在地质学家所称的"接触面"上——两种岩层结合的地方——硬砂岩和古红砂岩交界处。

手掌下是 3000 万年逝去的时间。也许在这段时间，志留纪和泥盆纪之间的过渡期里，没有岩石再留下。也许岩石都被冲走了。在深时的记录册上，逝去的比保留的多得多。

我们在边界处互相拍照留念，存下亮蓝色和黑色雨衣的身影，这是正在试图理解深时之复杂的人类。

剑桥大学的第四纪古环境学荣休教授、国际地层委员会秘书长菲利普·吉伯德（Philip Gibbard），像如今活着的每一个人一样，出生于全新世。全新世是1885 年在柏林召开的国际地质学大会上被正式认可的 [1]。2018 年，吉伯德 70 岁的前一年，国际地层委员会宣布了自那时起对我们所属深时的重大改变：对全新世做出了正式的划分方案。地层学学界——地质学中，这是专门研究岩石及其地质时间尺度上的位置顺序的学科——一般是很稳固，此时则刮起风暴：激烈吼叫的教授们，郁闷的气候学家们，愤怒的地理学家们在媒体上吵得不可开交。这可不是常态。

12 月，秋季学期结束时，我在剑桥拜访了吉伯德。他带着我穿过闲逛的游客们，灰发在头上氲成一个光圈，他说："我们不常应对这种情况，虽然得到关注很不错，但我担心会在我们的群体里造成相当不好的影响。"

在上完艾尔沃斯本地的初中之后，吉伯德在谢菲尔德大学学习了地质学，然后决定主要研究第四纪，即过去的 258 万年。作为一位地质学家，仅仅研究258 万年也就勉强算是研究地质，因为这个时间更像转到了地理学——研究的是当前和近现代。确实，当时他所在系的系主任，一位研究石炭纪（3.59 亿～2.99 亿年前）的地质学家，听到吉伯德的选择时摇了摇头。"哎呀，"他说："是哪里出岔子了吗？"

作为国际地层委员会的秘书长，和吉伯德一起的 42 位男女——大部分是男性——管理这个深时组织。如果说 18 世纪的地质学家面对深时会头晕目眩，21世纪的地层学家则坚定地要理清顺序。"如果我真的有任何贡献的话，那就是向同事们提出，我们必须正式给相关的一切下好定义，否则一切只是随风乱飘而已。"

为了结束这一切，地层学家一直默默地划分着地球的 46 亿年：期（ages）、世（epochs）、纪（periods）、代（eras）、宙/元（eons）。到了 2018 年夏天，他们认定，大概 4250 年前的一场灾难性的全球气候模式，标志着一个新的地质时期：梅加拉亚期，是全新世最近的一个期，从那时到当前这一天都属于梅加拉亚期。按照通常的做法，国际地层委员会举办了发布会，但不寻常的是，一切都乱套了。

媒体的聚光灯极少会照到地层学家，他们做的是幕后工作，是给岩石和冰层分类，研究发生在几千年、几百万年甚至亿万年前发生的事。即使对地质学家们自己来说，这也是单调而沉闷的工作。很多大学都不单独把地层学作为一门学科教了，会把它放到更"实践化"的课程里，比如构造地质学或古生物学。"如果我们现在要直接教地层学的话，学生会抗议的。"一位讲师这么表示。但随着全新世这个最新期的正式化，科学和大众媒体上都出现了愤怒的声音。"这个新的期是一个补丁，一个赝品，一个骗局。最多都只能算毫不相关——'我'是绝对不会用这个名字的，我觉得大部分科学家都不会用。"古气候学家比尔·拉迪曼（Bill Ruddiman）在《大西洋》（The Atlantic）杂志的采访中说："这是地球化学定年测出来的期……这个群体根本不关心这些定义。[2]"（地球化学测定年是一个广义的术语，指利用不稳定的放射性同位素，如碳 -14 的已知衰变率。）

最严重的反对意见说，这个新的期就像反对环保的邪恶阴谋。"梅加拉亚期定义了从最近的更新世到今天，但是完全没有提到人类对环境的任何影响，"伦敦学院大学的气候学家马克·马斯林（Mark Maslin）和西蒙·路易斯（Simon Lewis）写道，"像是一小群科学家，最多 40 人吧，搞了一个奇怪的突袭来捉弄人类。[3]"

国际地层委员会遭受了很多抨击。"有些话说得很难听——特别难听——说这些话的人心知肚明。"吉伯德告诉我，听起来很受伤。"很多问题在于，写的人不懂地质学。"岩石就是时间的书写。"我们可以用放射性衰变来测量物品，而关于过去时间唯一有形的证据就是岩石本身。"吉伯德说。

此前一个夏天，古生物学家和地层学家扎拉斯维奇带我去看一条古老的轨道路堑，就在莱斯特大学他的办公室不远的地方。露出来的岩石，是在侏罗纪早期（大概 1.85 亿年前）形成的，那时莱斯特和英国的其他地方都被浅海覆盖。如今，那片海变成了暗淡的混着蜂巢色的石灰岩，里面是曾兴盛一时的海洋生物的遗骸，一圈圈螺旋线的菊石，弹头形的箭石，俗称"魔鬼的脚指甲"的弯曲的卷嘴蛎。

天气温暖，路堑上长满了紫色的毛地黄。歌如潺潺水声的鸟儿们在树丛中高声鸣唱着。石头的每 1 厘米大概代表着 1000 年。扎拉斯维奇身着传统的地质学家出野外时穿的裤子、靴子、羊毛衫，他指给我看：在路堑的半路，岩石变了。含有很多贝壳的石灰岩在此停住，上面是深蓝灰色的页岩，由薄而脆的纸板样的层组成，页岩里没有化石。我们看到的，是侏罗纪早期灭绝事件的证据，大概 1.5 万亿 ~2.7 万亿吨的碳释放到大气中 [4]，地球变暖了差不多 5 摄氏度 [5]。海洋失去了氧气变成死水。很多事物都消失了，所以在深蓝灰色的岩层里没有化石。岩石里黑色的部分，是碳的来源。"这是一场能跟现代的全球变暖相比的事件。"扎拉斯维奇说。

"两种岩石的转变是两个世界的剧变。"他解释道。一瞬间，地球永久地改貌换颜了：一种生命结束，另一种生命兴起。在转变之前，地球处于普林斯巴期，之后便是托阿尔期。

如赫顿所说，岩石是地球的历史书——虽然很多页缺失了、受损了、倒置了、页数杂乱无章。但如果你学会了阅读它们，看出岩石类型的改变，把这种改变同古代气候联系起来，你就可以构建一段地球的历史，最终，得到一份年代地层表。之后你就可以这样描述：这片格陵兰岩石跟南美的这片岩石同龄；在这个区域的所有生物全部在同一时间灭绝。这样，你对 46 亿年里发生了什么就有了一个理解框架。

"人们可能会说这很无聊，但没有地层学你什么都做不到。除非你可以给岩石排序，一块一块按照时间摆好，否则演化、古代地理变化、动植物的迁徙都无从谈起。"吉伯德说。

国际年代地层表是官方版本的时间尺度表 [6]（见本书目录前的二维码）。它也是一种"世界语"，是地球科学家的共同语言。它保证了当有人说成冰纪的时候，其他人都知道那是指什么。"这跟元素周期表类似，"有人告诉我，"在每一位地质学家的办公室里你都会发现这张表。"

在表里，地质单元被分成一层一层，而且像套娃一本书里面还有更多的分类——从最小的期，一般包含一两百万年，到最大的宙——无比宏大，自古至今所有的地质时间只被分成四个宙。有一些纪听着很熟悉，如侏罗纪，石炭纪。但一些期，如沃德期（Wordian）、罗德期（Roadian）、空谷期（Kungurian），听起来则像是开星际会议时在点名。每个地质时间单元的划分，是基于同步发生的、改变了全球的事件，而且这种改变在岩石和冰层里留下了记录。区分更新世和全新世的全球变暖事件，就是被记录在格陵兰冰芯里空气成分的突然变化。区分二叠纪和三叠纪，则是温度上升、停滞酸化的海洋，以及灾难性的火山作用，这是一次大灭绝事件，有时（出于地质学偶尔的跳脱，听起来像 20 世纪 70 年代的科幻作品）叫作大灭绝。那时大概 90% 的海洋物种和大概 70% 的陆生物种全部难以想象地消失了。地球上的生命几乎终结。这次事件的证据则是碳同位素比的变化、火山灰层和化石记录的剧烈变动[7]。

每一时间单元都有自己的颜色。地层表底部的冥古宙，是地球表面被融化的石头覆盖的神秘时期，是一种沉郁的紫红色。早一点的时间，生命还存在于海洋里的时候——寒武纪、奥陶纪、志留纪——都是淡淡的水绿色和蓝色。我们目前的全新世，地质学家特意选择了一种很难形容的有点粉又有点棕的米色。图的顶上，则跟底部相反，是一种褐色胶布或炉甘石液的颜色，或一团嚼了很久的粉色泡泡糖的颜色。

这里有柏拉图和亚里士多德、玛丽·居里、爱因斯坦、莫扎特、伍尔夫、孔子和佛陀。在细细的条带下面，是那些我们没有直接体验过的所有其他的世界，但是以碎片、以痕迹出现。消失的世界显现在我们面前。

这是几百年来人们辛苦劳作的成果，你甚至可以从这张图回溯到 17 世纪速记员的工作，18 世纪德国的莱曼（Lehmann），为了寻找锡、煤和其他自然资源，把岩石进行了分类。第二次见面时，吉伯德在写一篇关于意大利地质学家阿尔杜伊诺（Giovanni Arduino）的文章。1760 年阿尔杜伊诺第一次尝试按照时间顺序，把他在威尼斯和托斯卡纳看到的岩石分类：原始纪、第二纪、第三纪、第四纪[8]。与他不同，如今我们把自己所在的地质时期叫作第四纪。

19 世纪早期，英国的运河和铁路测量员威廉·史密斯（William Smith）在不同岩层里发现了化石，这可以用来准确地测定岩石和相关的地质年代。他的工作广受欢迎，首先是地主们想要在自己的地里找到煤矿，还有地质学家们。根据现在所知的化石层序律，他的技术是这样：想象格雷厄姆·格林（Graham Greene）和小甜甜布兰尼·斯皮尔斯（Britney Spears）参加了一场晚宴，那是什么时候发生的呢？我们知道格林是 1991 年"灭绝"的，小甜甜呢，是 1981 年第一次"首次被记载"在历史里的，所以这场晚宴肯定是在 10 年内发生的。你用化石来确定岩层的地质年龄差不多就是这样。如果这块菊石跟箭石生活在同一时期，那么我们也是诸如此类地处理。

现在的放射性测量有时会用来确定具体的，而不是相对的含化石的岩层年龄。第一个被测定的是志留纪（4.44 亿~4.19 亿年前），在 1830 年早期由英国地质学家罗德里克·默奇森（Roderick Murchison）提议。他是一名前军官，太太夏洛特·于戈南（Charlotte Hugonin）是一位岩石爱好者，直接把他"从猎狐的闲散生活中拽到了终生从事的地质学探索事业"9。

默奇森之后，19 世纪地质学家们描绘了我们现在使用的地质时间尺度的基本面貌，一系列的地质年代都纷纷得以命名。文化大鳄如托马斯·哈代（Thomas Hardy）、丁尼生、约翰·拉斯金（John Ruskin）的著作中都提到了地质学。在今天，公众的想象被神经科学、人工智能、量子物理学等绚烂学科占据的年代，地质学仍以其前沿和杰出占有一席之地。有些时代是以地名命名的——二叠纪（Permian）是以俄罗斯城市彼尔姆（Perm）命名，泥盆纪（Devonian）以英国乡村 Devon 命名；有一些以岩石命名，如石炭纪就是以我们所知的煤所在的碳含量很高的黑色岩石命名。还有其他的方式，寒武纪（Cambrian）、奥陶纪（Ordovician）、志留纪（Silurian），是根据维多利亚时代对不列颠早期史前史的热爱，以各种凯尔特部落命名。年代地层表的最上面，莱伊尔想用一系列希腊语衍生词来表达这种规律和含义：古近纪（Palaeogene）——古生的；新近纪（Neogene）——新生的。

1878 年，在巴黎召开了第一届国际地质学大会，大会设置的目标是做出国际通用的标准化的地层图10。但又花了 100 多年，到 1989 年举办了第一届国际地层学大会11，人们才真正达成一致地把这张图确定下来，这大概是这项工作之庞杂程度的一个缩影：不仅是从科学的角度，还要从国家合作的层面来完成。

对地层学家来说，这一切的一切都表明，制作和改变这张图的确是工程浩大，一旦完成一个修改，就要等 10 年的休止期后才能再改一次。吉伯德说："这就跟选举一样。"一旦出现了一个错误，如给某时期标错了开始时间或选错了候选人，需要很久才能改正过来。

到了全新世，地质学家们花了好几年来讨论"纪"这一层的具体分法——比如，"早全新世"——都没有任何具体的指标，来标志全新世的开始。有人会说，晚全新世更温暖，另一个人说是更冷。大家都可能是对的，因为"晚全新世"这个用法也不统一。必须解决这种混乱局面。到 2009 年，吉伯德要求威尔士大学的麦克·沃克（Mike Walker）领导一个专门小组，来解决全新世如何具体细分到纪的问题。那时，他们都没有意识到这个问题会变成"烫手山芋"。

*

图书管理员、诗人麦肯金告诉我，地质学家特别热衷于设委员会，在地层学会内部，每一个地质时代都有自己的分会——一个委员会的科学家负责安排、区分、定义一段深时。有时候还会闹到抢地盘。人们总是格外护着自己的那一块深时。"这是人性。"吉伯德说。当我们要为深时划分界限的时候，他说："感觉就跟一个人把自己的房子围上篱笆不让别人进去似的。"作为第四纪地层分会的前任主席，当他成功地把第四纪定在 258 万年前的时候[12]，对此可是深有体会。必须把更新世的下限再降低一点，差不多从新近纪上砍下去了 70 万年——这使得新近纪分会大为憎恨。（"我反对用砍下去这个词，"吉伯德说："听起来像俄克拉荷马圈地运动。"）

约翰·马歇尔（John Marshall）是泥盆纪的分会主席。他是南安普顿大学的地球科学教授，办公室里堆满了书、纸、化石、岩石块。有人要动一下，另一个人就得挪到门口去。我在一堆萤石旁边坐下，这是马歇尔小时候在麦克莱斯菲尔德附近的峰区发现的，他一直带在身边。

马歇尔本科时在剑桥学习自然科学——"我觉得我遇到的很多人都会把我形容成一个呆子。"他说。但在科学系他遇到了同类。"公立学校的学生更愿意选一些简单的科目：法律，历史……而北部文法学校却有很多科学专业学生。"如今他在指导本地的学生准备牛津和剑桥的入学考试。

马歇尔把地质学家比作历史学家。"我需要的是数据技能，从不完整的数据库中找出规律。我们有好多物理学和化学背景的学生，他们都把地质学当成要转化成物理和化学的学科，但在地层学这里你不能这么干。你不可能就算算同位素。"

在分会里，"本质上说，我们就是看护泥盆纪，就像时间领主一样，不过你从不离开。"在地层表上，泥盆纪是一种咖啡色。它坐落在显生宙古生代，志留纪和石炭纪之间，时间是从 4.19 亿 ~3.59 亿年。

这些地质单元转变的正式标志，是全球界线层型剖面和点位（Global Stratotype Section and Point，GSSP），又称为"金钉子"——实际上是在一个有代表性的地点，在那个地方有一块黄铜色的圆盘钉在岩石里。比如奥陶纪结束而志留纪开始的金钉子，就位于苏格兰边界上一个名为多布溪的很小的陡峭山谷[13]。在这里的岩石里，可以发现这一次转变的证据：第一次出现了笔石类生物 *Parakidograptus acuminatus* 和 *Akidograptus ascensus* 的化石记录。

如果不能确定任何全球界线层型剖面和点位——如 40 亿年古老的始太古宙（Eoarchean），没有任何物理上的痕迹，那时候的岩石能完整留下来的太少——那么就使用根据放射性测量的全球标准地层年龄（Clobal Standard Stratigraphic Age，GSSA）。但这是一个时间点而不是一个物理参考。

各国对标志 GSSP 的态度是很有教育意义的。"中国有二叠纪/三叠纪的金钉子。"马歇尔说，"就在一个有观赏性的公园里，很美。而苏格兰的奥陶纪/志留纪金钉子的地点基本就是废墟。它在一条相当漂亮的小河的角落里，但那里什么都没有——可能只有路牌。"

有时候，一些国家会保护它们的金钉子。"当时我们的一个问题是埃姆斯期（Emsian）。"马歇尔说。这一期在早泥盆纪，这枚金钉子位于乌兹别克斯坦的 Zinzilban 峡谷，这里的石头截面上呈现了一组化石的变化。"我们很高兴能找到它。我们是国际组织，希望这些金钉子遍布全世界。"但仔细看呢，这个金钉子在岩石上的位置远远低于传统埃姆斯期的岩面。之后，泥盆纪的地层学家想重新定义这个金钉子，但这个任务就很棘手。"乌兹别克斯坦特别重视自己国家有这个金钉子，它使这个国家具有国际意义。"马歇尔说。所以很难从那里把金钉子拿回来重新研究这个剖面。"路都被封了，人进不去，那里还是边境地区，很难拿到许可。"而且，定义这个金钉子的那一代地质学家也没有人了，再找到适合重新定义的岩石很困难。这些困难持续了 10 年，最后，泥盆纪的地层学家决定在其他国家重新寻找适合的金钉子。"这很悲哀，"马歇尔说，"要能在乌兹别克斯坦找到合适的路径，我们明天就会去，但看起来我们只能上别处去找了"。

而标志全新世，沃克则建议在岩石记录上切 3 个新的点来划分地层单位——以千年为单位，而不是百万年——离我们的历史越近，分辨率越高，图上越能呈现更多的细节。我想，合乎逻辑的结论是，深时的划分会越来越精细，直到与人类历史没有明确区分了，就像主教厄谢尔说的，从此知道了我们世界开始的那个月那一天的那一刻。

沃克的分类是这样的：早全新世开始于 11 700 年前，最后一个冰期结束时。地层学家称之为格陵兰期（Greenlandian Age），因为它的金钉子就在史蒂芬森从格陵兰冰原钻出的一个冰芯上，它存在哥本哈根大学冰芯库里。中全新世开始于8200 年前，那时在北半球突然出现了无法解释的寒冷气候，它叫作诺斯格瑞比期，这是以北格陵兰冰芯考察项目命名，那次科学考察发现的冰芯就作为它的金钉子。

最有争议的就是晚全新世，开始于 4250 年前，全球天气模式发生了大规模紊乱。有些地方更热了、更干了或更湿了。有些地方突然酸化严重，其他有些地方则出现了新冰川环境。全球农业都非常糟糕，整个文明都被抹去。美索不达米亚平原的古埃及王国和阿卡德帝国倒塌。印度河流域（覆盖现代巴基斯坦和印度的区域）繁华一时的大城市摩亨朱 - 达罗被遗弃了。梅加拉亚期的金钉子在印度东北部的梅加拉亚的一个洞穴里的石笋上，这个期也因此命名[14]。

沃克把他的提议一路送上第四纪地层分会。这是人类的惯例：正式事务要走正式的流程。至少从公元前 2500 年苏美尔文明开始，人类就有"流程化"了。而深时却是人类的反面，毫无"流程"可言。让我高兴的是，地层学是这两者的奇特碰撞，关于深时的命名，要一层层地上报，按流程走到底。地层学会用数字和具体的科学词汇来描述遥远过去的异世界，让它们变成文明与理性的一部分。改变地层单位的提议也没有任何例外。各分会收到提议后，就开始投票。如果一个分会赞同，这些提议就会上报到国际地层学委员会，它也是由分会组成的。

（"就好像天主教的枢机团。"马歇尔说。）再之后，提议终于呈交给最后的决策者：国际地质科学联盟（International Union of Geological Sciences，IUGS）。到这里才会被正式批准。有了 IUGS 的正式肯定，这个改变才真的印在国际年代地层表上——至少要用 10 年。

*

2019 年 3 月 8 日，马斯林和路易斯一起成功出版了一本关于人类世的科普书，他们在推特上写道：到你了 # 全新世——你在地质史上到头了！很多人对梅加拉亚期的公布那么愤怒的原因，是因为他们在等地质学家的另一个决定：他们想知道我们是不是正式生活在人类世（Anthropocene）了。

Anthropos：人类，Kainos：新。2000 年，大气化学家保罗·克鲁岑（Paul Crutzen）和生物学家尤金·施特默（Eugene Stoermer）有一个比较激进的提议：人类已经影响了地球的地质和生态，程度之深足以构成一个新的地质纪年 [15]。人类第一次成为改变了地球的显著事件，并被记录在岩石上。人类影响的例子包括全球碳氮循环的变化，远高于背景值的物种灭绝速度，还有决定性的全球变暖。这是一个既让人敬畏又让人恐惧的想法。全新世完结了：我们进入了人造期！

2008 年，在吉伯德（当时的第四纪分会主席）的鼓动下，扎拉斯维奇建立了人类世工作组来考察地层学家的反应。据扎拉斯维奇说："我个人的意见是，毫无疑问，我们进入了人类纪。"但目前它并没有正式加在年代地层表上，他的调查还在继续。

人类世想法的拥护者们，如马斯林，就对此非常不信任，在他看来，选择梅加拉亚期就好像是对人类世的直接攻击（而事实是，扎拉斯维奇自己投票选择了新全新世）。无论马斯林还是路易斯都同意跟我聊聊他们的工作，但在"对话"网站上的一篇文章里，马斯林宣称："人类世改写了人类的历史，凸显了对地球管理的需求"，而"梅加拉亚期表示现在跟过去还是一样。"[16]

吉伯德说："完全不是这个意思，如果他真的在关注，也认真读过资料，而不是情绪化地反应，他就会知道当定义诸如梅加拉亚期这种界限的时候，只是根据它的时间底界来给出定义而已。"在地层学上，不论梅加拉亚之后是什么时代，新时代的底界则定义了梅加拉亚期的上限。图表最上面的单位，是没有上限的，因为要保证年代间是连续而不间断，因此，梅加拉亚期只是延续到了目前的时刻而已。要知道，梅加拉亚期并没有否认人类世的可能，某一天这两者也可能同时存在于地层表中。

但马斯林和路易斯怀疑全新世的概念从整体上就有瑕疵。全新世开始于冰期结束，但史蒂芬森的冰芯显示，过去 258 万年，也就是第四纪，其实包含一系列冰期、回暖期、间冰期。我们现在生活在间冰期，而且还实质上改变了气候，我们把下一个冰期给推后了。马斯林和路易斯写到，别的间冰期都没有这样高的地位，那么单独给全新世特殊对待，从地质学上说不通 [17]。

也许早期的地层学家们犯了错，也许全新世是该退休了。他们争论"地质学家们应该在两年内，在 IUGS 里建立一个多学科的新的委员会，专门负责对我们所生存的地质年代的分类和定义。"人类世事务委员会——从某程度上来说就是多学科的——多次邀请马斯林加入，但都被他拒绝了。

其他科学家，则表达了对梅加拉亚期边界被确定的不满——这些意见直接击中了地质学靶心。

这是一只"古气候白鲸"，一位古气候学家在《科学》杂志上抱怨 [18]。"ICS 错误地把干旱期和丰水期的证据混在一起，有时候离 4200 年的事件有几个世纪那么远，就这样界定了梅加拉亚期。"同一篇文章里指出，中国西安交通大学的一份未发表的关于梅加拉亚钟乳石的分析发现了持续 600 多年的稳定的季风减弱，而不是在 4200 年前突然发生了干旱。主持这项研究的甘雅春（Gayatri Kathayat），确实发现了 4000 多年前有多次持续 10 年之久的干旱的证据，这从一定程度上符合了金钉子的标准，但也不完全 [19]。

200 年看起来是很大的误差，但对地层学家来说，尤其是研究第四纪之前的地层学家，能把事件缩小范围至 100 万年以内已经相当精确了。而且，地质年代的边界是很模糊的。地质单位之间的转变并不像按个开关那么容易。这是个缓慢杂乱的过程，能持续几百几千年，所以连续几个世纪的气候现象对地层学家来说不算大事。

它变成一个视角问题。一些研究人类时间尺度的地球科学家看到的错误，对习惯于深时的地层学家来说，则是精确。

一

二

三

四

五　山中恶魔

六

七

八

九

十

十一

十二

十三

十四

十五

十六

我曾爬到山坡上思考各种地质运动，但周围的一切都是静止的。没有微风轻拂绿地，路上空寂，本地人好似已经迁走。远处，亮绿色的绿藤蔓在午后热度里泛着微光。

从加州州立大学的校园，到圣贝纳迪诺山脚下，大概有 0.75 英里。尘土覆盖的灌木丛沿着上坡生长，中间点缀着味道很冲的蒿类，以及一排排野生向日葵。靠近山边，肥沃土地上满是葡萄藤，田边上有一排小树。这里有大量的旧农场，但从 20 世纪 70 年代开始禁止新建。农场主大部分不能售卖自己的不动产，因为现在没有人有能力贷款买下这里的土地。

警示牌告诉我们这里有响尾蛇和美洲狮，我从左边走上一条沙路。山那边是热气蒸烤、干旱荒芜的莫哈维沙漠。再往西大概 60 英里是洛杉矶。矮灌木那边，一只从没见过的鸟，发出尖锐的"哔哔哔"的叫声。

旁边就是这些农场慢慢被抛弃的原因：圣安德烈斯断层。

*

我们看似稳固的世界其实一直在活动。"如果等得足够久，一切都会流动。"加州州立大学的地球动力学家卡洛琳娜·利思戈 - 贝尔泰诺尼（Carolina Lithgow-Bertelloni）说，"从很长很长的时间尺度看，连石头都在流动，就像热锅里的水一样。"

她的工作建立在一项革命性理论基础上：板块构造论。这个发展于 20 世纪 60 年代的理论，永久地改变了我们对地球的认知。她说："这个理论的重要性再高估也不为过，在此之前我们对岩石类型和化石进行了几个世纪的观察，但是对它们如何形成，为什么会在那里，都没有一个认知框架。"在《南极洲：冰与天空》（*Antarctica: Ice and Sky*）这部电影里，广受尊重的法国冰川学家克劳德·洛里斯（Claude Lorius）描述说，在我们对全球变暖和人类破坏性开始清算之前，20 世纪 60 年代是个黄金年代。在历史上的那一刻，人类飞向了月球，科学家们相信他们将解开所有自然世界的奥秘。其中就有竞相奔往板块构造学的那些人们。

这个理论的阐述，最终使地质学赢得了"尊重"。在此之前，地质学还仍然是大量的观察，基本上是收集零散事实的活动：就是欧内斯特·卢瑟福（Ernest Rutherford）（据说）指出的"所有科学要不就是物理要不就只是集邮"里的后面那种。板块构造学是地质学的宏大理论——可与生物学上的达尔文学说、物理学上的量子力学比肩。它是我们现在地球的骨架。"还有许多东西有待发现，但我估计不会再有如此高的层面上的事了。"杜伦大学的地球动力学家菲利普·赫伦（Philip Heron）说。

根据这个理论，在地壳和地幔的最上面，地球的表面由巨大的移动板块拼成，大概有 125 公里厚[1]。有 7 个大的或 8 个小的板块，关于具体数字，人们观点各异。它们背着大陆和海洋，在炙热且并不坚硬的岩石传送带上滑行，在整个地球表面移动。当板块边界撞到一起时，像一场慢动作的车祸一样互相刮擦或撞击。一个板块撞在另一个板块上，地面像车盖一样扭曲皱起，形成了山丘和山脉。有时这些板块潜入另一板块的下面，直到地幔深处，被炙热的流动熔岩反复推挤。板块间的相互作用帮助地质学家解释了我们目前的世界：从大地的形状，到形成的漫长时间，再到火山爆发、地震（板块冲撞导致了地壳的活动），还有全球动植物的分布。

如果用人类的生命来衡量，比如 80 年吧，一个板块可能只会移动 2~4 米。我的公寓在伦敦南部，1980 年建造的。从那时起，因为板块构造学，它在地球表面的位置，按照经纬度来算，已经以每年 2.5 厘米的速度往东移动了差不多 1米——跟你指甲的生长速度差不多。一年 2.5 厘米，让我们人类能置身其中，对如此庞大又如此缓慢的深时有了一些自己的觉察。按照这个速度，从深时的尺度说，携带着整个动植物群的大陆能漂移千万里，足以让海洋出现又消失。

板块构造学改变了一切，虽然我们仍处在这趟旅程的开始。作为一个理论，它只出现了大概 55 年。1983 年，作家约翰·麦克菲出版了《可疑地形》（*In*

Suspect Terrain），他仍能找到一些备受尊重的科学家来反驳板块构造学说[2]。"对我来说，奥巴马上学的时候，没有人会教大陆可以移动，这是不可思议的。"赫伦摇头对我说。

你可以用各种方式讲述板块构造的故事，这取决于你给谁讲，年龄、国籍、观点倾向、友人还是对手，还取决于怎么讲：你强调的是那个依靠直觉的人，还是找到证据的人，还是最后思考出理论，或那个把所有发现综合在一起的人。于是，最近这些年，有很多不同的庆祝板块构造论 50 周年的活动。2013 年，《自然》杂志把英国地质学家弗雷德里克·瓦因（Frederick Vine）和德拉蒙德·马修斯（Drummond Matthews）发表第一篇论文的时间[3]定为纪念日。2016 年，哥伦比亚大学以自己的研究者沃尔特·皮特曼（Walter Pitman）和詹姆斯·海尔兹勒（James Heirtzler）1966 年的论文[4]作为纪念开始庆祝。2017 年，伦敦地质学会以 1967 年两位英国地质学家丹·麦肯齐（Dan McKenzie）和罗伯特·帕克（Robert Parker）的论文[5]，2018 年，法兰西学院以他们的一位前教授泽维尔·勒皮雄（Xavier Le Pichon）1968 年的论文[6]为纪念开始庆祝。

当然，更多的荣誉还是归于阿尔弗雷德·魏格纳（Alfred Wegener）。魏格纳是德国气象学家、地球物理学家、极地研究者。不过如今他最常被记得的是《大陆与海洋的起源》（*Continents and Oceans*）的作者，书中他描述了大陆漂移学说[7]。多年前人们就注意到，非洲西海岸和南亚东海岸奇特的相似之处。好像一个板块裂成两块，两半各自在移动，南大西洋插入其中。好像它们曾是一整块。魏格纳提出，地球上所有的大陆曾是一整块"超级大陆"，他命名为盘古大陆（Pangaea）（来自古希腊语 pan：整体、全部、所有，Gaia：地球母亲、大地）。时间流逝，盘古大陆分裂，因为大陆并不是固定的，它们在地表活动或漂移。

魏格纳生前，无论是在德国还是别处，这个理论一直被广泛嘲笑。评论家们鄙视他，觉得他"精神错乱，胡说八道"[8]。几十年后，年轻的地质学家也被警告，对大陆漂移学说的任何兴趣都会断送掉自己的职业生涯。但残酷的是，虽然有很多证据支持魏格纳，从大陆的形状到动植物的迁徙传播，他还是不能解释板块是怎么活动的。1930 年，他在命运多舛的格陵兰冰原考察中死于供给营地间，年仅 50 岁。如果他熬过了这次考察，很可能就会活得足够久，能看到他的工作被赞誉为科学革命的开始。

最终把魏格纳的理论从冷板凳上拉出来的，是海床扩张说。地球物理学家和海洋地质学家塔妮娅·阿特沃特（Tanya Atwater），现在是加州大学圣巴巴分校的荣休教授，当她1967年1月达到斯克瑞普斯海洋研究所的时候才25岁。她想来听一个弗雷德·瓦因（Fred Vine）的海床扩张说讲座，却发现这里一片混乱。她之后写道：显然整个研究所都来听讲座了，进去的时候所有人都是固定论者，出来的时候全是漂移论者。"上第一堂课时，我第一次见到海洋地质学家比尔·梅纳德（Bill Menard）教授，他什么课前说明都没有讲，直接兴高采烈地开始讲这个'美妙的想法'，然后涂满了整块黑板。"9

当地幔的热物质从海床上的两个板块中溢出的时候，会把两个板块分开，然后在每个板块边缘冷却下来，这就是海床扩张。这个发现是魏格纳理论缺失的那个机制。这是大陆漂移的发动机。"我晚上常常睡不着，脑袋里全是地质可能性和各种含义，"阿特沃特回忆说，"一个人大脑里的种种随机事实突然可以放到整齐的框架中，简直太神奇了。"

大众通常喜欢把科学发现归于一个伟大的人和一个伟大的发现——这样庆祝起来简单得多，而且感觉也更浪漫。实际的生活并非如此。科学发现极少是在特定的一天突然就蹦出来，并完全形成了。更常见的是要经过很多年的思考，包括天时地利人和。板块构造学就是这样的。1967年早期，瓦因和马修斯文章发表4年后，英国博士后研究者丹·麦肯齐在美国地球物理学会春季会议中，要参加一个普林斯顿讲师雅各布·摩根（Jacob Morgan）的讲座。扫了一眼摘要，他决定不听了。而摩根则从他本来的摘要突然转向，在吸收了瓦因、马修斯、皮特曼和其他人关于板块如何在地球表面移动的工作后，他开始讲到板块构造说的第一次明确的记述是什么。这跟麦肯齐自己的追求有诡异的相似。

那年11月底，麦肯齐和帕克把计算好板块移动的数学原理的论文投给了《自然》。还附了一封信，恳请编辑"避免无谓的拖延"。12月，他们又写了一篇关于新理论的论文，这次他们询问了论文是不是可以稍微延期，这样就可以让两篇同时发表。编辑回复说，论文已排好，即将发表。摩根自己的文章被同行评议耽搁了一阵，最后发表于1968年10月。10

*

　　要看看这种摧枯拉朽的板块移动效果，在南唐斯（非洲大陆板块撞进了欧亚大陆板块）散个步就可以了。在大陆板块内部是很难感觉的。板块太大了，移动又太慢了。我开始把板块想象成岛，并想起了那个神话：地球是一只巨龟，它把世界驮在自己的背上，在宇宙海洋中漫游。在岛中间，或者巨龟背上，你得走到最边上才能发现你生活之处的直接证明。我决定去看看一块板块的边界。很多板块边界都在水下，地表上只有少数边界有明显痕迹，属于肉眼可见。其中一块就是圣安德烈斯断层，这是北美大陆板块和太平洋板块冲撞到一起形成的。

　　板块的移动缓慢，跨越了时间，在蜿蜒的断层中日夜低语，从不停歇。这个断层沿圣博纳迪诺山游走，穿过孤独广漠的莫哈维沙漠，潜入好莱坞大道的剧院和影院的下面，继续往下到圣莫妮卡和威尼斯海滩大道上的餐馆和酒吧之下，又在霍利斯特镇的郊区后院下面，穿过旧金山市综合医院。

　　断层是地表深处的岩石经重重压力和应力积累而成。移动的板块会产生巨大的压力，岩石会挤压折弯，直到断裂，终至崩塌。我们称之为地震。圣安德烈斯断层永远存在发生地震的可能，这也是住在板块边界处的风险之一。

　　出发去断层之前，我先去见了美国加州州立大学的地质学教授琼·弗里谢尔（Joan Fryxell）。从她办公室的窗户你能看到 0.75 英里的上坡，直到标志着断层的那些明亮的树和绿藤（青绿的植被沿着泉线生长，这是板块边界破裂景观的无害迹象）。对研究地震的人来说，这个地方要么非常幸运，要么非常糟糕。一位美国地质勘探局的地震学家告诉我，她希望有份平静的工作。尤其强调她不喜欢办公室就挨着圣安德烈斯断层。弗里谢尔则是另外一种风格。

　　我问了其他人都会问的问题：圣安德烈斯断层真的会断裂吗？她说："如果它现在就裂开，我也不会惊讶。如果它 10 年后再裂开，也一样。如果在我离开或者死亡以后再裂开，我就会失望了。这可是一生难遇的事，而且断层正在跃跃欲试，我可不想错过。"

　　弗里谢尔留着灰色短发，有一张长而充满疑惑的脸。她告诉我，地震研究者受限于一些相对少见的大地震，其实这些大地震可能反而是种帮助。比如说，如果没有机会研究 1906 年的旧金山大地震，地质学家里德（Reid）就不能证实一个清楚的断层和地震的动力学关系。他在 1910 年发表了研究成果，一种称为"弹性回跳"的新理论，这仍然是现代板块构造学的基础之一。地质板块在断层间制造了巨大的压力，断层紧紧僵持着。这积累了一种能量，当断层突然爆裂时能量释放。一般来说，断层越古老，这种能量积累越大，地震的规模也越大。最近这些年，因为断裂可能会在并不关联的断层间"跳跃"，导致这种积累显得有点复杂。50 年来，人们以为圣安德烈斯断层变矮了很多，看起来可能没有那么危险了。但事实并非如此。

圣安德烈斯断层是走滑断层，就是断层两边沿着断面水平移动了一段距离，就像是"搓手掌"一样。要画出这种断层，就要找找断层两边不同地点都会出现的岩层，比如花岗岩或砂岩。如果能看到两边有同样的岩层，判断出它们曾经是拼在一起的，那你就知道它们肯定是从断层的一边向前滑动而错开了。然后，再计算一下两边两个岩层的距离，比如，相隔 100 英里，那这个断层就至少有 100 英里长。20 世纪早期，第一次测绘圣安德烈斯断层时，人们就在断层两边寻找相符合的岩石形态，但没找到。原因是找得还不够远。没人想到断层有如此之大。

直到 20 世纪 50 年代中期，洛杉矶和旧金山这样的大城市建起来之后很久，人们才意识到，危险的范围如此广阔，最后发现这个断层有 800 多英里长 [11]——从帝国郡的索尔顿海一直延伸到洪堡德郡门多希诺角——而且差不多有 10 英里深，震级上限为 8 级 [12]。（地震的级别通常是根据科学测量地震矩大小得出的。）

2.5 级及以下的地震，人几乎感觉不到。4 级算是小型地震，6 级是中型，会造成财产损失。7 级就比较强烈，比广岛原子弹爆炸释放的能量更大，可能会有人员伤亡。8 级及以上被归为大地震：任何接近震中的社区会被彻底摧毁。圣安德烈斯的 8 级上限，是按照它整整 800 英里的断层断裂来计算的。接下来 30 年内，这种情况发生的可能性大概是 7%。从统计数据上看，更可能的情况是 7 级地震，断层只有一部分断裂，30 年内这种情况发生的可能性是 75% [13]。

"第一次发现它是走滑断层时，地质学家们认为它是一个狂妄之徒。"弗里谢尔说，到了大家都接受这个事实的时候，要把加州巨大的金融、文化和住宅中心迁到安全的地方去是肯定来不及了。"而且现在是不是时候，也只有它自己知道。"然后她又摇摇头笑了："我把它拟人化是很可笑的，它们没有意识，不会出于恶意这么做。毕竟下面又没有恶魔。"

*

是没有恶魔,不过在午后炎热的宁静里有些什么在徘徊酝酿。我试着在我能感知到的景观中找到屏息的断层。拉开一点距离,很容易就看到了,你离得越近,断层就越看不清了。曾经非常突出的亮绿色植被线现在与背景融为一体。脚下也没有任何异常之处。路上只有一处很小的 1 米高的陡坡。灰白色的土壤看起来刚被犁过。如果你想找一个正好可以横跨两边的地方,一只脚站在北美大陆,一只脚站在大西洋板块上——似乎没有这样明显的地方。

有点儿失望。我把弗里谢尔送的地图铺开。这不是一张徒步旅行用的地图,这是一张很大又不方便的、应该钉在墙上的地形图。但看着这张图,你才能知道这里曾经有过什么。

地图是四边形的,被中间的一条黑色对角线粗略地分开,上面的等高线很集中,像围绕着山峰的漩涡。这一块区域涂满了颜色,从紫粉色到锈橙色到深芥末黄和灰蓝色。下面的半边很不一样,平静很多,等高线很少,只有白色到蜡黄色的大色块穿过奶油和报春花色调的阴影,像是房屋装修用的色卡。

山脉和平原,分得很清晰。现在我开始仔仔细细看,从地图看到山,世界突然有了微妙的光芒。我不仅看到风景,还有风景的故事,就像地质学家一样,观察的景观是空间和时间的整体存在。

阿特沃特到研究所 3 年后,成为第一批用新板块构造理论来研究具体景观的人——她心里的那一块景观就是圣安德烈斯断层。已故的加州大学伯克利分校的大卫·琼斯(David Jones)这样评论她的工作:"那是板块构造论的第一次实地应用,有些人和圣安德烈斯纠缠了一辈子,却没有发现其板块特点,而她成功发现了,并展示出来。那是一篇了不起的论文,它说服了我们,板块构造论就是正确的方向[14]。"

阿特沃特推测,大概 2800 万年前,太平洋板块向西北移动,撞到了北美大陆板块[15],形成了圣安德烈斯断层。这解释了断层两边的截然不同。太平洋这边是更平整、多沙、灌木丛生的土地,几乎都由全新世的沉积物组成——只有几千岁。最年轻的就是地质学家称之为"轻度凝固"的，也就是说它们只是刚刚开始形成"像样的"岩石。北美大陆板块上那些呈现丰富的白色的山脉，大概产生于 1.6 亿年到 7000 万年前。最主要的岩石是白垩纪和侏罗纪形成的变质岩和火成岩：片岩（schist）、片麻岩（gneiss）、花岗闪长岩（granodiorite）。

两个世界，两种时间，融合为一。即便不是地质学家，你也可以看出它们经历了不同的沧桑变成如今的模样。比如，北美大陆板块的变质岩，大概始于海床上的泥与沙，经缓慢地掩埋、压缩、热烘，然后被板块挤压之力抬升至陆地，成为片岩和片麻岩。其中一些岩石曾被白垩纪的阳光照耀，被恐龙踩踏。太平洋板块则更年轻、更活跃。这些沉积物大部分是来自河流和山崩的鹅卵石和沙砾。它们没有被掩埋，也没有时间凝固、融化，就置于古老风化的旧大地之上。

当两个板块融合为一，太平洋板块往西北冲撞，碾过了北美大陆板块。也就是说，加州的边缘是从阿拉斯加掉头往回拉过来的。而且它并不稳定，是一系列急促的转向，把石头撕裂扯碎，导致了网络一样密集的断层，最后形成安德烈斯断层带。现在的平均移动速度是每年 46 毫米 [16]。按这个速度，1500 万年后洛杉矶和旧金山就是隔壁邻居了。

我坐下来，喝了点水，呼吸着灌木丛那与周日的火热不一样的味道。之前听到的鸟儿还在继续歌唱。一群小小的黑苍蝇飞来飞去。我想到不断挪移漂流的岩石。大西洋上的北美和欧亚大陆板块的边界仍在拓宽，把北美洲和欧洲推得更开，使伦敦到纽约的航程每年又远了几厘米。非洲板块则朝北漂移，快要把地中海覆盖上了，也许某一天你可以从摩洛哥走直线到马德里。而东非大裂谷——另外一个大陆边界中，非洲板块正在被慢慢撕裂开。某一天，一片新的海洋会在这里诞生。

与 20 世纪 60—70 年代的科学家相比，如今的地质动力学家们有更先进的技术，加上最近 50 年的数据，将会产生新的见解。比如，板块移动，现在可以通过全球定位系统（Global Positioning System，GPS）来测量了。"我觉得这很棒，"科学史学家内奥米·奥利司克斯（Naomi Oreskes）写道："一个可以跟踪导弹和其他快速移动的人造物体的系统，也同样可以用来测量缓慢而宏伟的板块漂移 [17]。"多亏了 GPS，我们现在知道了不仅在板块边界处，板块内部也会出现岩石的变形。地球动力学家贝尔泰诺尼在琢磨很多这样的问题："板块内部的力量和板块自身的关系，板块的强度，为什么板块移动持续那么久……"

别处的地震学家们通过追踪地震的能量波来计算震源。"并不是说 1960 年前大家不知道自己该做什么，只是那时候没有现在才有的数据"，杜伦大学的赫伦说道。他给我看了一张 1960 年的图，上面标着 3 场南美洲西部的地震。然后又拿过来另外一张图，显示同样地区的那些地震和 1960 年到 2018 年以来被记录下来的其他地震。在这张新图上，你可以看出地震形成马蹄状——那个形状其实是纳斯卡板块（Nazca plate）在南美洲下面消失的结果。当这个板块突然倾斜插入火热的地幔时，地震发生了。地震的形状告诉我们板块发生了什么，但 1960 年你从匮乏的资料中不可能这么推理。

有些科学家推断，是板块的冲突引起的岩石碎裂，释放了生物演化关键时期的营养，比如，5.4 亿年前的"寒武纪大爆发"、现代生命的祖先们登场的那场盛大事件。"你需要板块构造学来维持生命"越来越有说服力，圣安德鲁大学的奥布里·泽科（Aubrey Zerkle）说。"如果地幔和地壳间的物质不能循环的话，所有对生命至关重要的那些元素，碳、氮、硫、氧，都会一直固定在岩石里。"更关键的是，板块构造学的那个传送带还把含有很多碳的岩石从地下拉来扯去，又融化回地幔，防止了大气中二氧化碳的危险累积。板块构造学帮助我们呼吸[18]。

*

在弗里谢尔的办公室里，她更担心生活在一个板块边界的风险。她生活在地震警报频繁的州。书架有挡板以防止地震时的滑落，她的岩石收藏都安全地放在架子底部。百叶窗总是调低，怕有玻璃爆炸的危险。她的学生们则相反，似乎一点都不苦恼："兰德斯地震（一场 7.3 级的地震）时这里震感明显，但那是 1992 年，大部分学生都没经历过。他们没有经历过大地震，在别的地方也没有，我觉得他们身上并没有这种警觉性。他们不知道地震是什么感觉，所以不知道地震会多可怕。"

通过测绘断层和研究地震活动，地震学家们经常（也不总是）能预测到受地震威胁的地区，但他们也无法预测地震到底什么时候发生。根据美国地质调查局（United States Geological Survey，USGS）（以下简称地质局）的网站："无论是地质局还是其他科学家，都没有预测过任何大地震。我们不知道是否能在可见的未来进行预测，我们也不指望知道。[19]像猜测哪根是压倒骆驼的最后那根稻草一样，要准确预测一场地震，你需要预测特定区域的岩石压力和应力如何产生，如何突破极限并把花岗岩、玄武岩、砂岩都粉碎掉，释放土地翻滚的能量。"而我们做不到。"弗里谢尔说。

单个的地震无法预测，但科学家可以统计一定时间内地震发生的可能性。研究圣安德烈斯断层附近的老地震点，可以看出每 100~200 年，断层上就会发生大的地震。（因为圣安德烈斯是个断层系统，不是所有的节段都有同样的活动模式。在棕榈泉附近，频率是 200~300 年一次，而圣博纳迪诺郡的莱特伍德则预计是差不多 100 年一次。）

弗里谢尔相信，圣安德烈斯断层已经"箭在弦上"，因为像地质局的地震学家凯特·谢雷尔（Kate Scharer）解释的那样："现在，你眼见到的每一处，都已经或者将超过地震间的平均时间。如果是按照典型的 100~200 年爆发一次，由于你的所在地都处在 150~200 年，所以确实是有点可怕。"

我问弗里谢尔，如果我们坐在她办公室里的时候，突然发生大地震的话，会是什么场景。"可能有前震"，她说，"也不是一定会有。"没有的话，首先达到的就是地震纵波，感觉像被打了一拳，或者什么人砸门。一两秒到几十秒之后，次波来到，然后是表面波。这些就是撼天动地的那种波——水平建造的老房子并不能承受住这种震动，不用说地面破裂，供电、供水、电话线都会被切断。弗里谢尔的办公室，建造时有抗震的功能，我们还能躲到桌子下面，在建筑起伏摇晃中坚持。窗外，断层滑坡的地方，我们能看到山脉被几百年的张力不断驱动，向右扩张出 3~6 米。弗里谢尔叹气说："所以我应该躲起来，找个掩护，但我还是想看看窗外。"

断层附近会出现巨大裂口，但她的办公室是在 1972 年《特别地带调查法》（Alquist Priolo Special Studies Zone Act）颁布后才建成的，我们不会受到地面断裂的直接威胁，因为我们离断层大概有 0.75 英里远[20]。这个法案禁止在活跃的断层上建造房屋，除非地质调查显示断层对待建的结构没有潜在威胁。这就是农庄靠山的土地上并没有被开发的原因。因此，像圣博纳迪诺这种有断层蜿蜒的城市，会把儿童游乐场、公园和其他公共空间直接建在断层上——利用城市里不能建楼的土地，不过你忍不住会想，这可为灾难片提供了一些有趣的可能。

弗里谢尔真正担心的是初震之后的事。人们有个普遍的误区，就是以为南加州可以从大陆脱离，变成一个岛。这其实不可能，但在大地震后的几个月里，圣加百列和圣博纳迪诺山脉南部的土地——包括洛杉矶，400 万居民的家园——可能会变成孤岛，与大陆上的完全断开。

地质局有一个灾后演练计划，假设在圣安德烈斯断层中，离最南点 300 公里处，发生一场 7.8 级的地震会有什么后果。人们预测，地震后随即而来的灾难就是几百场火灾。道路堵了，供水系统破损，急救设施和人员无能为力，小火就会逐渐合并成大火，整座城市将会生灵涂炭。洛杉矶的水电气供给线全部经过断层。要把它们修理好需要几个月。虽然大部分现代城市会扛过地震的晃动，但也会引起结构性的不稳定。旧的楼会倒塌。震后几天的余震会继续摇晃这个已经伤痕累累的城市，引发更大的建筑损毁，灾后营救和救济工作也会受阻 [21]。

总之，研究者们估计，这种地震可能会导致 1800 人的死亡、50 000 人需要急救的严重灾害，总计 330 亿美元的建筑塌毁，和超过 2000 亿美元的经济损失 [22]。最后的结果是，基础设施不能运作，当地的经济会轻易崩溃。最后，人们携家带口，裹上所有的行李，离开这烧焦得散了架的城市，洛杉矶就会变成各处老鼠流窜，蟑螂横行，被遗弃的宠物在空荡荡的街上拾荒。下一次大地震——当地人以恐惧又逞强的复杂情绪把它称为"大震"——可能是美国西海岸生命的终结。

*

面对这个生存威胁，加州有不同的应对方式。在好莱坞环球影城里，你可以来一场地震模拟之旅。但 1994 年的北岭地震后，这种冒险节目曾暂停营业以示哀悼，北岭地震被官方判定为 6.7 级，造成了 57 人死亡 [23]。2015 年，华纳兄弟影业发布了一部由巨石强森（Dwayne Johnson）主演的电影就叫《圣安德烈斯》，洛杉矶人愉快地买票观看自己的城市毁于一旦，凯莉·米洛（Kylie Minogue）从摩天大楼一跃而下。（大楼倒得非常逼真，但地质局的员工告诉我，圣安德烈斯断层是不会导致电影里的旧金山湾惊险刺激的海啸的。）

对有些人来说，地震的威胁只是一种常态，毕竟他们一直都有迫在眉睫的事要担心，地震只是其中普通的一种。"我担心的是山火"，一位出租司机告诉我。但一位洛杉矶居民大卫·休林（David Ulin），《坚固土地的神话》（*The Myth of Solid Ground*）的作者，这样写道：

> 一旦置身其中，你的意识里就留下了不灭的痕迹：地震会来的。离开旧金山多年后，我在纽约隆隆作响的地铁里都会突然紧张，或者感到一阵强风撼动了屋子的墙壁……我意识到这是肌肉记忆，一种身体和想象的焊接[24]。

还有一些人则为断层本身着迷。2000 年，地质局的地震学家苏珊·霍夫（Susan Hough）开车穿过圣塔莫尼卡北部的圣费尔南多镇时，在街上搜索 1971 年圣费尔南多或西尔玛地震的证据——一场 6.7 级的地震，造成了超过 5 亿美元的损失，65 人死亡[25]。在《在加州找断层》（*Finding Fault in California*）[26] 里她失望地写道："道路修复和城郊发展的时间和黑暗力量，已经把曾经脆弱的面貌软化了。"这是一本给地震旅行爱好者的寻物指南。但她在格伦奥克斯大街上的麦当劳停车场里有有趣的发现。"我把它叫作我的汉堡摇晃① 点。"她给我看照片时说。停车场有两层，被中间一块陡峭的花圃绿地隔开。那块绿色的斜坡之所以存在，就是因为圣费尔南多断层在 1971 年裂开，这里的土地移位，造成了这个斜坡，术语叫作"上错位"。停车场的主人决定把这个上错位美化一下，而不是把它铲平。现在这里变成了一个地震旅行的热门点。世俗的朝圣者们在平日里追寻板块构造的宏大力量——在街上、城郊的房子里、快餐店的停车场里。

霍夫瘦弱，说话很轻。她在满是自动挡汽车的城市里手动驾驶，仪表盘上有一个跳草裙舞、晃来晃去的玩偶，那是她最近夏威夷之旅的纪念品（"美国媚俗艺术的终点，我的孩子们都讨厌它"）。为了写断层的书，她花了很多很多个周末，在州内独自往返穿行，从好莱坞中心一直到卡里索平原（Carrizo Plain）的边缘地

---

① Shakes 同汉堡一起时通常是指奶昔，也可以指摇晃、震动，这里是双关，因为麦当劳有奶昔，又有地震留下的痕迹。

区。"有些路很简陋，发生故障可麻烦了"，她回忆说。

我们见面那天，一起开车去好莱坞找断层。头顶上的天空很远，朝远处逐渐氲成烟雾弥漫的棕色。开着紫花的蓝花楹，沿路盛放，一直盛放到山上去。作为地震学家，霍夫的工作是数学和计算，如地震检波器检测到的地震波的分析。"在职业的第一阶段，你会学到断层只是一种地震的能量来源，不会赋予它更多意义。我知道断层，但我不太会找到它们。"她说。

生活在加州终于改变了她的想法。"工作时我把时间花在用计算机生成地图，不工作时，我把时间花在带孩子们出去玩。所以我意识到，我大脑里有两幅独立的地图：一幅是断层图，另一幅是风景图。我想把两幅图合起来。"

好莱坞大街上常有穿成超级英雄和漫画角色的游荡者。霍夫指出，具有历史意义的中国剧院是 1977 年星球大战系列首部的上映点。我们就停在著名的好莱坞和瓦因路口的北边一点，就在约翰（John）、保罗（Paul）、乔治（George）和林戈①（Ringo）的星星旁边。霍夫戴着闲散的帆布野外帽，穿着徒步裤子——好像我们要去野外而不是进城似的——指了指通往国会唱片大楼圆塔的路。这是弗兰克·辛纳屈（Frank Sinatra）、海滩男孩（Beach Boys）和科尔（Nat "King" Cole）曾经录过唱片的地方。楼前路边的玫瑰也长在上坡上。她说："这是个上错位。"

这是好莱坞断层的错位，沿着洛杉矶盆地北部边缘蔓延了大概 9 英里。在有史可稽的现在，它还没有引发过一次重大的地震，但如果断层最终破裂，它的规模和本地地质情况会引发以好莱坞中心为震中的 7.5 级地震。我想了想，每天上班都走在一块可能致命的地上是什么感觉，想不出来。霍夫说："我会跟人们讲起断层，会问他们有没有开车经过这些路面拱起的地方，他们会说：'我就说那些有趣的小山丘怎么会在那里呢。'"

如果你知道在哪里，知道怎么看，你会发现南加州地面以下好多米，到处都是移动的、变形的、扭曲的石头。到处都是深时在我们忙碌的地面世界划过的证据。再往北，朝旧金山的方向，断层探索者最喜欢的地点就是霍利斯特和海伍德

---

① 著名摇滚乐队甲壳虫乐队的四位成员。

断层。"这里是看蠕变最好的地方了，"霍尔解释说。比起大地震时的震动，断层常见的运动模式就是蠕变，它们持续地"匍匐前进"。霍利斯特正被中间一块狭窄区域慢慢地撕成两块。在霍利斯特，弗里谢尔拍了一张路卡斯特街359号的照片，平稳的蠕变不再游向玄关中间，而是转向到正门前。另外一所邻近的房子外面，一面混凝土矮墙也被流畅地弯成了曲线，好像混凝土跟橡皮泥一样柔软可塑。

回到地质局的当地办公室，霍夫告诉我断层证据被记录的其他方式。她说，你很难不注意到，很多州的石化纪念地都在高地震活跃带上。比如，科索，炫耀自己是加州最大的岩石画艺术集中地，也同样因地震和火山活动而著名。作为科学家，霍夫要提防"相关即因果"的假设。作为一位断层探索者，她忍不住产生联想。在加州部落的口头历史中，明确的地震相关的传说并不多，但是也有一些线索。在小石雕谷上的萨满图像里，就有很多波形线，这意味着土地的动荡。很多部落的传说都描述了洞穴呼啸吼叫的声音，峡谷被恶灵追缠着。

霍夫在书里写道：

地震已被深深铭刻到现在加州人的集体灵魂里。早期居民留存下来的书写记载中，要是没有反映出纷乱狂暴的自然环境，那才是让人惊讶的。加州一直都是地震的国度。加州已经找到，也将会一直寻找新的方式去应对地震[27]。

*

如果说住在地震活跃区的科学家们也陷入了"不要敬畏地震"的思路，那么非科学家们则有超级迷信的倾向。天变黄了，狗突然嚎叫了，傍晚还很暖，突然的恐惧感，尖锐的头疼，或者屁股疼，都是地球深处山雨欲来的征兆。

"我常听说的是地震天气。"弗里谢尔告诉我，"从心理学上说，也有一些道理。这会给你一种错觉，让你对马上要发生的事有一点掌控感。"要是想找一些震前预兆作为警示，你可以想想上次地震前的天气情况。那种天气是不是表示麻烦就在路上了呢？"但是，像我的一个朋友发誓说，地震天就是暖、干燥、平静，那喜马拉雅或者任何雨林里或者任何冷的地方，就绝对不会发生地震了。但生活在这些地方的人们也有自己的地震天，通常就是当地的典型天气。"

其他地方，也一直有动物能感知即将发生地震的信仰。蚯蚓和蛇钻出地面，猫狗疯疯癫癫。霍夫自言自语地说："动物们可能比人类更早感应到地震，因为在真正的地震几分钟前经常会出现前震，动物们对前震更敏感。"当她和先生在圣地亚哥学习的时候，他们在家里养了一只兔子。"有那么两次它突然砰撞在地上，我们首先注意到这个，然后就感到了地震。"说到更长期而严格的预报或者预测，她倒没有看到什么特别科学可信的报告。报告通常都是马后炮。震后，一只猫的主人会想起来，说那天早些时候，猫表现得很奇怪，他大概忘记了没有地震的一些早上，猫也是很奇怪的。

过去，对严肃的科学家来说，地震预报可以说是戳到伤心处。"地质局致力于帮助人民改善设施的安全性，注重于长期的抗震减灾活动，而不是实现短期的预测。"他们的官网上这么告诫道[28]。他们也不总是这样的。20世纪70年代，人们觉得地震预测近在咫尺。中国、苏联、美国都有地震预测计划。中国科学家称预测了1975年的7.5级辽宁海城大地震，拯救了很多生命。美国报纸开始发布头条"地震学家非凡成就在即：越来越精准地预测地震的地点、时间、强度"[29]，但这并没有实现。

人们测试过可能的地震预兆，后来放弃了；有人说数据是择中选优的，理念失败了。1976年，中国科学家没能预测7.5级的唐山大地震，据官方估计25万人命丧其中[30]。一些科学家幻想破灭，离开了这个领域。

"即使现在，你去参加科学会议的时候，还有人在聊地震预测。"霍夫说，"但证据呢？如果有人有预测方法，他们就应该能够开始做出预测了。"我有点好奇，这些参会的科学家里，会不会有另一个魏格纳呢？——一个现在看起来很疯狂的想法，但最后却成为科学正统。也许——也许那些预测方式只是"天变黄了，狗狂叫了"的科学家版本。"但他们总是会回顾，这就是问题，"霍夫说，"回头看，骗自己是很容易的。"

*

在俄勒冈塞勒姆，一位名为夏洛特·金（Charlotte King）的女子，因头疼和剧烈的心脏疼痛醒来，像小针扎，她在自己的网页上更新道：7.0级或以上大地震时间确定——2月20—28日（误差前后12小时）[31]。

金女士70多岁，形容自己为地震敏感型或"活体预报员"[32]。她相信她对地球的电磁场变化（对应不同区域的地震活动）特别敏感，每一个磁场都连着她身体的一个具体部位。在另外一条帖子里，她写道："如果圣塔莫尼卡附近地震，你感觉到摇晃和眩晕，而棕榈泉、惠提尔、帕萨迪纳和班伯克地震，症状要加上剧烈的心脏痛，以及双耳剧痛。"[33]

就像一些萨满巫师或者一些万物有灵教的女祭司一样，她的文字显示，她相信遥远宏大的板块运动，及其通过石头发出的颤抖和冲击，和人类的个人身体的痛苦之间是有着直接联系的。预测的时候，她会精确地把自己同庞大的非人类深时模式联系起来。

多年以来，尤其是在互联网广泛传播之前，金女士写信给地质局说自己可以根据不同程度的科学现象，比如云的形状、气压、潮汐、磁力，过往地震模式和月相来预测地震。不只有她一个，很多人都这样写信给地质局。地质局一位名叫琳达·柯蒂斯（Linda Curtis）的女士，以前会把这些通信按照邮戳日期分类，在塑料封面之内是一份独一无二的收藏，从报纸犄角旮旯到全彩印刷的正式报告都有。这些文件是地质局内部的 X 档案。

"很多人就是孤独，想跟人聊聊天，柯蒂斯对他们异常耐心。"霍夫告诉我。柯蒂斯自己，在休林的《坚实土地的神话》的采访中说："假如说，有人预测洛杉矶市区的 7 级地震，而我们忽略了它。你能想象如果这是真的会怎么样吗？所以这些资料就是一份小小的保险吧。"[34]

查尔斯·里克特（Charles Richter），里式震级表（表示地震规模大小的标度）的发明者——就在马路对面的加州理工学院工作，多年来收到过很多这类信件。他对这些写信的人的看法是："少数几个人精神上不大正常，但大部分人还是理性的——至少从临床或法律意义上……主要是他们夸大自我，或者没有受过有效的教育，所以他们不具备一个基本的科学原则：自我批评。"[35]

休林提到一位根据头痛预测地震的女士凯茜·戈里（Kathy Gori），还有根据云的形成（据说是岩石抬升时的热导致了云）预测地震的肖中浩（Zhong-hao Shou，音译），还有乔伊斯（Joyce），他相信电流而不是板块运动才是理解和预测地震的关键。还有一位唐纳德·道蒂（Donald Dowdy）——也许是里克特说的不怎么正常的那种——相信，在洛杉矶的高速路系统中，有一只鸽子的幽灵，用来抵抗"圣安德里斯断层的力量"。[36]

X 档案，意在把地震合理化，意在找出规律，把很难理解的深时过程框进可理解的范围，把板块构造的洪荒之力驯化。"我们喜欢在生活中找预兆，即便是日复一日的观察。"谢雷尔对我说。或像史蒂芬·古尔德在《火烈鸟的微笑》(*The Flamingo's Smile*)[37] 中写的："人类一发现'模式'，就两眼放光——以致经常错误地认为巧合和牵强附会的比喻具有深远的意义。尽管世界并不是为人类建造的，人类这种小小生物却喜欢寻找世界的意义。没有哪种思想比'寻找模式'的思想更加扎根于人类的灵魂之中。"①

寻访过好莱坞之后，霍夫和我开车回地质局帕萨迪纳办公室，一幢两层的黄色殖民风格的建筑，看起来像个住宅，而不是前沿科学研究所。霍夫把我介绍给她的同事斯坦·施瓦茨 (Stan Schwarz)。我想看看 X 档案，但琳达走后，这份收藏转给了一位外联官员，等这位离开后，这些资料大部分就不知所踪了。施瓦茨在楼下的会议室，两边耳朵都有巨大的耳洞，他管理计算机系统，搜索了一下南加州地震研究网络，给我查出来剩下的一些资料。从看到的少量信件来看，我总结出女性更容易通过生理性的表现来体验地震，男性则把自己的研究包装成正规的"科学"。这让我觉得有点沮丧。

施瓦茨又递过来一捆文件，标题是"科罗纳的肯尼·罗杰斯 (Kenny Rogers)，世界上唯一可以精准预测大地震的时间和经纬度的人"。20 世纪 90 年代早期，罗杰斯作为航空工程师退休后，就根据早期地震模式绘制的图表开始了预测。他给地质局寄信，还制作精良的小册子，里面配有地图、插图，详细描绘着破裂的高速公路、卡车在路堤上塌陷、一座立交桥的混凝土板破裂后崩塌，砸到下面的马路上。

"每两周，他会寄来 17 页预测。"施瓦茨说，"这些信持续多年，我们装满了好多文件夹。"退休的工程师，他推测说，"特别适合发这种疯"，因为"他们理解科学的程度，正好让自己觉得自己确实懂科学。但是工程师所学的科学是一些事实，科学家学到的是处理事实的过程。"

---

① 译文摘自海南出版社 2018 年版《火烈鸟的微笑》。

打开 X 档案，我想象着所有来信者，坐在自己的房子里，忍不住地画图，制作数据表，写信，而最后除了一两位地质局的员工，或者一两位猎奇的傻作者，几乎没人会读到。X 档案最后呈现更多的是写信人而不是地震，主要是他们想要理解这个世界的决绝斗志，想要得到科学界认可的恳切希望，想要在科学史上留名，甚至与板块的洪荒之力相提并论的热忱。

*

对科学家来说，思考地震和预测经常是个尺度问题。在《预测不可预测之物》（*Predicting the Unpredictable*）中，霍夫写道："在地质学的时间尺度上，地震发生得极其规律。在人类时间尺度上，它们无规律到让人愤懑的程度。"[38]

这部分是因为我们没有足够的数据。我们至今没有一场足够长足够高分辨率的地震记录来形成可理解的模式。"再有 500 年的充分数据，我们可能可以做到吧。但这辈子我想我们是跟表面的随机性杠上了。"弗里谢尔告诉我。

我问霍夫，我们最终会有能力来预测吗？她说："也有人问过里克特这个问题，预测地震到底可不可能，他的答案是，没有什么比活跃的科学领域的发展更难预测的了。我觉得这个见解很独到。你不会知道以后会发现什么。我曾见过特别有权威的地震学家最后也被证实错误。我们什么都不知道。有些我们觉得自己知道的却是错的。"被问到同样的问题时，谢雷尔耸耸肩说："问题是，就算我们可以预测地震，也不能因为地震要来，就把洛杉矶关停。不管我们觉得是周二还是周五桥会塌，桥总会塌的。如果你自己没有存够水，预测也不能帮你什么忙。如果你还搞不清楚地震来袭时火车怎么骤停，那也还是会发生事故……我觉得提醒人们这些还是有用的。"

*

回到圣安德烈斯，我沿着断层散步，灰白色的山脉就在右边。最后我到了一个小而平的飞机跑道。一位晒得很黑的、穿着荧光绿背心的人靠在卡车后部。他是高空跳伞俱乐部的一员。他们今天要从克劳德峰往下飞到跑道上。他说，从天空看断层，视角特别好。我们一起转头去看山。在蔚蓝的高空，我看到玩滑翔伞的人——在明亮的彩色弧线下的一个小黑点。

就像是你一走近，就会溶解成一系列涂鸦和斑点的那种画。确实需要距离才能把握圣安德烈斯的全貌。寻找断层，可能是寻找深时的一种隐喻：从地面上或者从人类的时间里很难看出正在发生什么，只有当我们退后或把思路集中在其他尺度上，才得以一窥它的面貌。滑翔伞运动员在空中变换动作的时候，我仍然站着，观察着。

从天上，终于可以肉眼看到断层。断层，有的地方，像皱皱的伤疤，沿着田野延伸；有的地方，看起来像是刨过的土壤编成的灰白色辫子，沿着山脚蜿蜒蠕动，其中还有树木组成的一条亮绿色薄带。在空中，挂在彩色翅膀下的、正从北美大陆板块飞跃过圣安德烈斯断层去太平洋板块的人们，都能看见它。

在英国地质调查局（British Geological Survey, BGS, 以下称调查局）的地图上，在斯卡布罗下面，从约克夏开始，一大片暗绿色的曲线蜿蜒着往下扫过东岸，在沃什湾轻衔内陆的地方折断。这一大片就代表了白垩。在南方，白垩以索尔斯堡平原为中心，辐射出四面山脊：往西，多赛特唐斯，往东，北唐斯，南唐斯和奇尔特恩山。

白垩悬崖是英国最大的地理景观[1]。站在伦敦西区的中心牛津街上，你脚下的人造地面和伦敦黏土沙砾之下，是卧在黑暗中的巨量白垩，仿佛地下隐秘的冰川，有些地方达 200 米之厚。我在南伦敦边上的克里登郊区长大，白垩就从黏土和沙砾下面冒出，形成了名为北唐斯的山脊。平房排列的安静街道和两次世界大战期间兴起的半独立屋①，都因为白垩平增刺激感：房子间的地面上时常出现裂缝，表示土地正在分离，天空大开，隔好远都能看到城市里的塔楼和灯光。

1835 年，在伦敦地质学会副主席亨利·德拉贝切（Henry De la Beche）[2]的直接领导下，调查局成立（当时还不是这个名字），这是世界上第一个国家地质调查局，初建时的责任是调查全国地质情况，绘制地形图。如今 BGS 不仅绘制英国的"官方"地图，而且对它最合适的形容是：集科研、商业项目和公共利益为一体的准政府机构。调查局的很多工作都是在英国之外完成的，本书写作时，正在进行的项目包括：菲律宾的地下水研究，埃塞俄比亚阿尔法地区的火山活跃度调查。1985 年，调查局在诺丁汉郡基沃思接管了一个前天主教教师培训学院作为

---

① inter-war semis，两次世界大战期间，为满足城市中产阶级的需求建造的一些半独立式房屋。两座住宅靠在一起，共享一面墙壁，结构上互为镜像。这种住宅结合了乡村别墅的美感和现代住宅的舒适，有独立的浴室和厨房，还有照明供电，是两次世界大战期间社会经济发展的象征。

自己的总部。地质学家们在那工作的第一年，正好是教师培训的最后一年，这场巧遇撮合了两对新人。

10 月初的一周，伦敦和牛津之间的奇尔特恩山靠近特林镇的地方，调查局的 4 名成员在一个自给自足的小屋里安营扎寨。他们在进行一场培训，这是制作新的英国南部白垩地质图项目的一部分。我到的那天，主房间里的木桌上铺满了地图、书，还有喝了一半的红酒瓶、一包巧克力饼干。现场领队安德鲁·法兰特（Andrew Farrant），又高又瘦，戴着金属框的眼镜，喝着茶。他裤子上别着皮套，里面晃着一只很长的形状诡异的尖头地质锤。

他在切德峡附近长大，小时候就爱收集化石，研究洞穴，自学了中学的普通（O-level[①]）地质学课程，还说服了老师让他转去别的学校修大学预科程度的课程（A-level）。在大学学地质学的时候，他首先学会了填图。如今大部分英国的本科地质学课程还包括填图训练——我听说一些地质学家，特别是学术圈的那些人会嘲笑这事儿。"填图，"他们说，"早就不是什么尖端地质学了，尤其是在英国，基本上所有地质图的测绘都在 50 年前'搞定了'。"只有那些垂垂老矣的教授们可能会蒙眼识别一块岩石，但是大部分人都绞尽脑汁在做数学，最前沿的工作得有数学基础。法兰特说："我其实不同意这个观点。"

因为对一个学生来说，学测绘填图，虽然看起来有点过时，尤其是在一个已经画了一百万次地质图的地方。它可以迫使你思考事物之间的差异和联系，如基岩、表层沉积（沙子，沙砾）、地形学、沉积环境、化石、结构、全部整体。如果你最后会去一个实地勘测公司，或者是石油天然气公司，你就需要有能力整合所有信息，考察场地到底如何，或者石油到底在哪儿。野外填图就教你这个。

法兰特的一位同事说："对学生来说，填图能检验他们是不是合格的地质学家。

---

① O-level（Ordinary Levels）一般是中学毕业生（16 岁）参加的普通程度考试。后面的 A-level（Advanced Levels）一般是大学预科生（18 岁）参加的高级程度的考试，相当于中国的高考，是申请大学必要的考试。

你考试能考高分，但在野外能把知识用得好吗？"

从 1996 年开始，法兰特就断断续续进行白垩填图项目。"我想说，学术界并没有足够关心英国的地质学。"他说，"如果我在东格陵兰岛做这个项目，很可能能拿到资助基金——东格陵兰很性感。人们会觉得，我们已经有了英国地图了，这事已经完成了，但其实你可以继续改进的。"

比如说，奇尔特恩地质相关的图都是 100 多年前的 1912 年测绘的。从那以后，这门学科也改变了。地质学家知道板块构造以及放射性定年法了。还有测高度图的激光雷达测绘的数据库、数字地理模型、更高分辨率的全国地图，可以记录那些尚未被记录的特征。这些都会影响制作出来的地图。

而在 1912 年可能无关紧要的白垩，现在就非比寻常了，因为东南地区的人口自那时起已经增长了大概 $1/3^3$。尤其是，这种人口剧增对区域交通系统造成了很大压力，而解决的办法通常是在白垩里挖隧道，像高速铁路 2 号项目、格雷夫森德隧道、横贯铁路这样的项目。还有区域的水资源，因为它们多半都储存在白垩蓄水层里。

*

1746 年，法国地质学家让-艾蒂安·盖塔尔（Jean-Étienne Guettard）制作了用来展示地表的相似地带和区域的首批地图[4]。当时是黑白印刷，用虚线、阴影和其他符号来代表法国地质情况。图里标注了"沙质区""泥灰质区"和"金属区"。考虑到要找出岩石和矿物而不是等着它们自己冒出来，这样的图就更像是矿物图而不是地质图。

19 世纪早期，法国的居维叶和亚历山大·布朗尼阿（Alexandre Brongniart），英国的威廉·史密斯（William Smith），都在制作"第一份"地质图。这项工作较之以前的伟大飞跃在于，呈现了地表以下的岩石，记录了它们的相对年龄以及沉积方式[5]。1810 年，他们发表了巴黎和周边区域的地图。1815 年，史密斯发表了世界上第一张真实的综合性国家地图——英格兰、威尔士及苏格兰部分地区地质图[6]。在绅士地质学家的年代，一位测量员，既不富裕也不高贵，且没有广识贤达，事实上，因为社会地位的关系，他甚至无法加入庄严的伦敦地质学会，但他就是沉迷于岩石、化石和测绘英国的地质图。多年来，他跑去乡村，收集资料，最后他为了印出更多的地图而破产。在 1796 年的文章《自然处理其独特造物（即化石），并为之分层的神奇秩序和规律》中，他开创性地提出了用化石确定岩石类型的方法。地质学会的线上展览中介绍，他意识到他可以把特定化石归到特定的岩层，从而简单地确定全国岩层的年龄。

如今，这份地图的第一批印成品，就挂在皮卡迪利地质学会总部的入门大厅里。上面有遮光用的蓝色天鹅绒帘，掀开帘子，让你震惊的首先是美感。大英帝国是一系列有纵深感的曲线的延展，从上至下、从右至左，直到萨摩塞特的陶顿附近的一个点。这个国家变成了森林绿、焦糖棕、泡泡糖粉、尊贵紫和淡薰衣草色绘成的彩色纹理画。看着史密斯的地图，只一眼，你就能知道这个国家西边比较古老，东边比较年轻。大致上，如果你从东南部向上旅行到西北部苏格兰高地，你就在经历时间旅行——从最新的东安格利亚岩层到高地最古老的变质岩。

每一层都有不同颜色，而且是根据所表示的岩石的颜色简单地描绘、分级，最深的颜色代表岩层的基础，最往上颜色越浅。现在所有的地层学家们都多多少少用着史密斯所选择的颜色。它们是由岩石自己的颜色而来：于干燥炎热的沙漠中形成的、什罗普郡三叠纪砂岩的黄色；从如今的威尔士的史前火山中挤出来的寒武纪花岗岩的粉色；当这个国家还是沸腾而闪耀的沼泽时，在中部形成的含煤的石炭纪岩石的蓝色；描绘白垩的则是偏淡偏黄的绿色，因为白色在纸上很难显示出来。

工业革命时期，史密斯的地图给英国经济和科学的发展添砖加瓦，在这张图上能看出哪里有给工厂提供能源的煤炭；哪里是哺育了城市生长的白垩，还有采石场；还有锡、铅、铜矿所在地；以及哪里比较适合开挖运河和铁路。他的地图呈现的不只是知识的积累，还有财富的增长。即便这样，史密斯的同辈们也没有视他如同僚，地质学会的一些成员不打招呼就借用了他的想法。人们制作了很多其他的地图，史密斯很难用自己的作品盈利，最后因负债入狱。直到 1831 年，地质学会终于认可他的成就，把第一座沃拉斯顿奖（Wollaston Medal）颁给了他，作为"对他在英国地质学上伟大而原创的发现的认可"[7]。而且直到 1832 年，才给他每年 100 英镑的政府养老金作为经济补偿[8]。

如今史密斯有时被称为"英国地质学之父"。2003年，一张他的初版地图卖了55 000英镑。在皮卡迪利，曾拒绝过他入会的地质学会把他的纪念品如圣物一样供奉着：一幅油画，连同他的一缕白发都封在一个框里，还有两把看起来并不舒服的木椅子。

*

关于白垩的研究有时被称为"软石地质学"。"软石"专家们研究沉积岩，比如砂岩和石灰岩，而"硬石地质学家"们则研究坚硬的火成变质岩，如花岗岩和板岩。这种分类并不完美，比如方解石（沉淀的石灰岩）就跟大理石一样硬，不过行话还是这么用了。于是他们之间也有竞争。有一次我遇到一位退休的沉积岩地质学家，他现在是一位热情满满的业余莎士比亚剧演员。他说，软石人总是更体贴。他思忖到：这也许是因为需要想象沉积岩的形成过程，而一块岩石在几千万年、几亿年中一层一层地静静累积，世界极其缓慢地形成。我问他："那么，硬石地质学家呢？"他说："硬石人都是混蛋。"

白垩在1亿年到8000万年前，地球进入一个温暖期的时候开始形成。海洋快速升起，现在陆地地块的1/3都消隐在高涨的海浪中。地质学家根据白垩的拉丁语 *Creta*，把这个阶段叫作白垩纪。这是年代地层表上最长的一段时期，持续了8000万年之久，比白垩纪到现在的6500万年还要长得多。

在发现白垩的地区，水里有大量叫作球石藻的微生物。它们死后，骨架——圆盘状的叫作颗石藻的方解石——沉落在干净的水里，量大到一些地方的海洋呈现牛奶般的蓝色。这些骨架在海床堆积，形成钙质软泥。它们逐渐压实、变硬。活的骨头转变成了白色的石头。白垩相对均匀，甚至会厚达1英里，这都确切地证明了那个世界是一个稳定、缓慢、漂移着的存在。

19世纪晚期，现代地质学家进一步完善现存岩石的类型和生成时间。比如，下三叠世鲕状岩（Oolite），就被分成了 Birdlip、Aston、Salperton 3种形态，每一种都再分了细类。Birdlip 虽然只包含200万年，但还是被细分成了7个部分。而白垩则被分成了三个部分：下、中、上，每一部分包含500万~700万年，仅此而已，没有再细分了。他们觉得关于这种常规的白石头，没什么可多解释的，此外，从经济上看也没有必要对此再做细致的研究。这些白垩有的做了化肥，之后，作为一种材料加到混凝土里，它不含煤、油，或者珍贵的矿物或金属，本身又太软做不了建筑材料。

即使是喜欢岩石的那群人，多年来也觉得白垩没什么意思。法兰特告诉我，1996年，他刚到调查局工作的时候，"我还嫌七嫌八，我想，太无聊了。后来有个同事被派去威尔士中部，我就想他真幸运——他的工作比我好玩多了。结果我错了。"

在英国——更准确地说，是后来称为英国的地方——白垩大事件发生在5000万年前，非洲板块猛地冲进了欧洲板块。大地刹住，形成了比利牛斯山和阿尔卑斯山。在英国，一些白垩山丘从海里冒出。最开始，它们被泥和砂岩覆盖着，缓慢的侵蚀塑造了南北唐斯和奇尔特恩裸露的白垩悬崖。

如今，在英国东南部，很多白垩消失在漫延的城镇和两次世界大战期间建成的城市郊区之下，但它们并没被建筑物覆盖，而是形成了一种典型的英式风景。史慕斯山——一贯被形容为"起伏的"——覆盖着短草皮。缓坡和陡峭悬崖、干谷，和孤单的山毛榉杆。从远处看，白垩景观就像海洋一样，从它涌出的地方涨起又落下。1773年12月，牧师、博物学家吉尔伯特·怀特（Gilbert White），去伊斯特本10英里远的灵默拜访朋友，他写道："就我而言，白垩石都粗糙、生硬、乱糟糟的，还是白垩山丘的形状漂亮，尤为清新可爱[9]。"

在明信片和茶巾上，白垩景观的图片呈现一种别致的英伦感，是让人可以触摸到薇拉·琳恩（Vera Lynn）、莎士比亚（他把《李尔王》的高潮部分设置在多佛悬崖顶上），还有吉卜林（Rudyard Kipling）（他写过弧形的弓头鲸背一样的山丘[10]）的那种英伦感。"白垩在英国的文化历史上有重要的位置，有多佛的白色悬崖、白垩山丘还有白垩溪流，"法兰特说，"但大部分人仍然不知道它们是什么，它们是如何形成的。"

在这个国家的边界上，白垩变得异常活跃。站在苏塞克斯的卡克米尔港海滩上，抬头就能看到高耸的白色，有那么一瞬间，它似乎是从天而淌。裸露的白垩有一些冷感，有点超凡脱俗。看到如此明亮的白，感觉有点不自然。

从南部海岸开始，白垩在英吉利海峡之下悄然伸展，而后又拱起成悬崖。英国人并不视之为奇观，法国人则称之为雪花石膏海岸。莫奈、毕加索和雷诺阿都画过很多。英国人经常认为白垩只有自家有，但法国北部的地下有，斯堪的纳维亚地下也有一点，荷兰林堡、德国，甚至吕根岛都有。吕根岛的白崖，1818 年卡斯帕·弗里德里希（Caspar Friedrich）在度蜜月的时候画过——一幅美好的梦一般的画，画里白崖更像冰而不是岩石。有一组著名的燧石带白崖——俗称七姐妹——差不多从约克郡一直延续到巴黎盆地。其他著名的燧石白崖可以追溯到波兰，能跟一种叫泥灰的黏土结合。

1993 年，帝国理工学院的一位教授理查德·塞利（Richard Selley），一直在思考北唐斯的白垩景观和法国东北部香槟地区景观的相似性[11]。他的邻居，工程师艾德里安·怀特（Adrian White）在他北唐斯多金附近的庄园里尝试养羊和猪，都以失败告终。为什么不试试气泡酒呢？塞利建议到。如今那个葡萄园——丹比斯酒庄——就由怀特自己的儿子克里斯（Chris）管理。2018 年，他们生产了 100 万瓶葡萄酒，其中一半以上是气泡酒，如果是产自法国东北部，就会被叫作香槟了。

"因为英国的南北唐斯和法国北部的香槟地区很相似，东南以出产高质量的气泡酒闻名。"克里斯这么解释到，"我们有相同的气温，风土条件，朝南的下坡集聚了最大量的阳光，白垩质土壤确保葡萄吸收到足够的养分，都不需要把根伸到讨厌的水中去。"

就像法兰特说的："英吉利海峡两侧基本上都是一样的沉淀物，海峡是次要的，白垩可没有脱欧。"

*

奇尔特恩山从牛津郡的戈林到赫特福特郡的希钦，绵延 46 英里，划出一道西南到东北的对角线。在最高点——靠近白金汉郡的温多福的哈丁顿山——一块石碑标志了 267 米的峰顶。这片地方大部分都是农田，干谷里挤着一些小村庄，有历史感的市镇，还有郊区的边缘。

晴朗温暖的一天，在低而强烈的秋日阳光中，我加入了法兰特和他调查局同事的队伍。大部分树仍然翠绿，但有一些已经开始变黄。法兰特和我，还有一位叫罗曼·格雷汉姆（Romaine Graham）的新员工一起动身。她之前是一家石油天然气公司的沉积物学家，6个月前转到了调查局。她研究白垩2周了，手掌上还有地质锤磨的血泡。我们手腕上带着支撑性的护具。

路的一边是灌木篱墙，红色玫瑰果长得正饱满，另一边是蔓生的葡萄叶铁线莲，顶着毛茸茸的白色种子穗，我们走在中间。爬过两块耕地中的一道倒刺铁丝围栏后，没有小路了，测量员们只能问问地主，是不是能好心让他们入内。农民们通常比较好说话，但是猎场看守员就比较有领土保护意识。在这块地的边缘，法兰特和格雷汉姆用他们的地质锤敲开一片片的白垩。"这是锯齿型白垩，"法兰特说，"中等硬度，白灰色，块状。"

我们现在知道，白垩绝不只是三种大型整齐的世——像19世纪的地质学家描述的——上白垩世、中白垩世、下白垩世。1980年，大部分岩石都被归好类。100多年之后，地质学家们终于开始把白垩细分成9种形态，每一种都以一个典型样本的发现地命名[12]。这项工作背后的地质学家叫罗里·莫蒂默（Rory Mortimer）。当大部分地质学家，比如板块构造学家们，认为科学已经从"定性的"转变成"定量的"，他的分类工作却让人回想起19世纪。（在一次野外地质协会的考察中，我把自己弄得可尴尬了。我问莫蒂默他最喜欢的岩石是什么。空气突然凝固了，他凑近一点儿，用略微有点惊讶的语气指出，我正在问这个国家首屈一指的白垩专家他最喜欢什么。就像问一位研究，18世纪绘画的专家或者16世纪的战争重现专家，他们最喜欢的历史时期是什么一样。）

我们继续前行，法兰特和格雷汉姆开始讨论白垩形态的差异。对于没经验的人来说，这种差异简直微不足道。研究白垩得全神贯注，读出线索中最细微之处。比如锯齿型，他们描述成"很模糊，约翰·梅杰（John Major）① 灰"。相比之下，西福德型是软滑的，亮白色，通常含有大块燧石。霍利韦尔型是奶油白，里面有些小化石。路易斯型是偏黄或奶油白的。白垩岩非常硬，接近切德峡石灰岩的硬度，而不是我们常常以为的那种松软的白东西："你可不想跟它搏斗。"每一型都

---

① 约翰·梅杰，政治家，1987—1990年出任英国财政部秘书长、外交大臣及财政大臣；1990—1997年出任英国首相。银灰色的头发是其显著的个人特征。

代表了不一样的世界，每一个这样的世界都存在了很久很久，比人类在地球上存在的时间久得多。

在莫蒂默之前，工程师们在白垩上或者穿过白垩施工时总是出问题。法兰特说，因为他们把上白垩世当成同质的一整块。"他们没有预料到，在一个项目里要同时面对极坚硬的白垩岩，以及有大量燧石的和完全没有燧石的、软乎乎的白垩。"

想象你蒙着眼睛跌跌撞撞穿过一片未知之地，脚下起起伏伏，不知道从哪里冒出又硬又大的东西。如果没有经过测绘，工程师们就会在建隧道时遇到这种大块白垩。麦克·布莱克（Mike Black），伦敦首席岩土工程师的运输负责人，在《新土木工程》（New Civil Engineering）杂志的采访里回忆说："障碍物是个大问题。在这个问题上，我们会花很多时间，先在办公室里研究出障碍物都在哪儿，都可能在哪儿。"[13] 不期而遇的燧石带或硬石层会把价值 1 亿英镑的隧道挖掘机的盾啃得粉碎。如果撞到黏土的裂缝或断口，隧道里的人和机器可能会被水全部淹没。（虽然过去也在白垩里挖隧道，但都是人工用手挖的，所以有很大的容错空间。机器移动的速度和力量都太强大，反而比人工脆弱得多。）

比如英吉利海底隧道，就不是从 A 点到 B 点的直线，而是在白垩层里找了最适合的一条路线——西梅尔伯利马利白垩[14]。设计这条路线时，工程师们看着钻孔钻出来的白垩样品，分析了其中的微化石，标出了地层图，"这给英法隧道节省了大概 5 亿英镑"，法兰特告诉我。路线再高一点儿，就会进入锯齿白垩层，渗透性更高，有更多燧石，再低一点呢就会撞到石灰岩床，就硬得多，很难穿过。

*

没有什么岩层露头，测绘员们必须找到其他通往白垩的路线。钻孔可以提供信息，但是除非自己亲眼看着钻孔，否则测绘员还是依靠其他人解读数据的质量和准确性。再不然你就得去找找其他的采石场，獾的洞穴，新犁过的地，甚至墓地，只要最近被翻过的地都得去找。在巨石阵的一个场地工作时，法兰特甚至手膝跪地，在 A303 高速公路的轰鸣声中找鼠丘。"这行业最近更难做了，"他说，"过去

10年，农民们不再深耕土地，他们用免耕法，只是把种子直接撒到地里，这对野外生物非常好，但是对我们来说真是一个打击。"

他往上瞭到一个小灌木丛，猜想会有一些旧白垩矿场的残留，也许是一个农民挖的，有人希望用生石灰来肥沃土壤，就从林下灌木里挖土。

"我们总是要花很多时间处理灌木，"格雷汉姆说，"法兰特喜欢。"我们跟上他的时候，他正坐在林下灌木从中，砍着一块白垩。"托特纳姆石。"他确认道。格雷汉姆倾身过去，捡起一块管状燧石，她觉得同为地质学家的男朋友会喜欢这个形状。"我们家有14箱石头，"她说，"我想把石头存放在车库里，但是他说这个环境不安全。"她摇摇头，"我也是个地质学家啊，但是它们毕竟只是石头！"

没有露头的地方，测绘白垩就强烈依赖于法兰特称为"观景识图"，即看地表确定地下的能力。最佳工作时间是春秋两季——夏收作物和其他蔬菜遮蔽了很多地貌，冬天则有大雪覆盖的问题，而且到下午4点左右天就黑了（不过在威尔士，地质学家们避开雨天，在夏天测绘）。这是地质学家们自史密斯时代就干的活，不过，法兰特说："学术文献里可没什么记载……这是地质学家们的传承，但不是正式写下来的。"观景识图的能力里包括很多，你要知道圆形的小山顶是典型的西福德白垩，平坦的是典型锯齿形的。或者在长满山毛榉、紫衫、冬青的地表，你得知道到哪里去找白垩，还有松树、石楠、金雀花茂盛的地方，你还要知道白垩埋在新的沙子和沙砾之下。

中午之后，光线的强度就变了，是更浓郁的金色。地里闪烁着淡紫色和杏色的光。最上层是亮灰色很干燥的土壤，测绘员的脚印就像在月球上一样。站在艾温霍山底部，山朦朦胧胧出现在我们上方。这里曾是青铜时代的弃矿，也是铁器时代的堡垒，从艾尔斯伯里谷到奇尔特恩山脊中的农田里轰然起立。

"干这行，你总是试图跟环境协调。"法兰特盯着我们前面的山腰说。他借了我的笔记本，熟练地画出了他眼中所见。"大部分人只是看到从山顶下来一个大斜坡，那边还有一个斜坡，但其实这个陡坡有很多面，所以这里有个斜坡，然后是一个平台，然后是另一个斜坡，那是锯齿型，然后是霍利韦尔，然后是新坑，然后是西福德。"他指着我们前面的地面中间一块凸起的部分说，"这个，我假定，又是托特纳姆石。但我们需要一些露出的白垩确认。"

我们继续攀登，就在路被山腰拦住的地方，有一块白垩浅滩。测绘员们觉得可能会找到化石。格雷汉姆把她的地质锤借给我。我从来没想过白垩里会有很多化石，不过只挖了 5 分钟就出现了一大堆早已仙逝的海洋生物。白垩片裂成两半，里面出现一只棕色的管状蠕虫，一个像脚趾甲一样的腕足类的壳，还有菊石从中心散开的完美螺旋线。

"我们真正喜欢的是遗迹化石，"格雷汉姆说，"它们能告诉你很多故事。"遗迹化石不是生物本身的实体化石，而是它的足迹、移迹、潜穴和粪化石。"有时你能看到两组牧食迹——可能是两只三叶虫刚刚轻略过沙地——你能看这两条痕迹一会并在一起，一会分开。能看到曾生活在这里的生物痕迹，就更容易想象过去的环境。你会觉得，哇，它真的在这里耶。"

在史密斯引领的 19 世纪早期技术之上，现代的测绘者利用化石和微化石来确定白垩层。普通的双壳类（*Volviceramus*，*Platyceramus*）和海胆类（*Micraster*）在海床的下部；一般的腕足类（*Magas*，*Ctretirhynchia*）和牡蛎（*Pycnodonte*）在上层[15]。调查局把化石存在基沃思的时候，并不是按照物种来排列的——就像自然历史博物馆那样，他们是按照地层，也就是它们被发现的白垩层来排列的。

法兰特告诉我，2002 年索厄姆的杀人犯伊恩·亨特利（Ian Huntley）的轮胎下面发现了一片很小的白垩碎片，警察找来当地的地质学家帮忙。白垩里发现了两片微化石：一种只有西福德才有，另一种只在上纽黑文存在。这两片同时出现，说明白垩碎片只可能来自某个特定的两米厚的层，只有在当地一个农场才可能粘上这种白垩，是一位农民在地里铺了这种白垩。而亨特利称他从未去过。白垩碎片作为部分证据最后确保了对他的定罪。

*

在灯塔顶上，我们坐下来。这里非常平和宁静。头顶有云雀嘻鸣。从这里你能远远看到白金汉郡、贝福德郡、赫特福德郡、牛津郡的土地。远远的，一排小灌木燃烧起来，在绿地边上烧出一条赤黄色的火线。有道理，我想，最早住在这里的人朝着这片地方爬上山，视野豁然开朗。

格雷汉姆吃了一根香蕉，说明天想试试采点黑刺李。"测绘不总是像现在这么舒服的，"法兰特警告我："你应该在1月结冰的雨天再过来看看，我们会被困在沃特福德测绘工业区。"

他掏出笔记本电脑，开始输入数据。我们的测绘工作是由"泰晤士水，亲和之水环境代表处"资助的。因为白垩渗透性很强，水管穿过白垩层，这些岩石像巨大的蓄水层一样，提供了饮用水资源。"因为不需要水处理，这里的白垩为英国节省了几亿英镑，但这事也很复杂。"白垩作为天然过滤器，净化了排放出来的水质。但是岩石里总有些缝隙——水可以直接渗过去。水务公司需要知道水是怎么流过白垩的，这样就可以安全地抽出，也能防止诸如农田里排出的硝酸盐的污染。要知道水流规律，预测裂缝的模式，你就需要一份白垩不同形态的精准细节的地图。霍利韦尔型跟西福德型断裂起来不一样。纽黑文的一条裂缝跟锯齿型也不一样。

在笔记本上敲完之后，法兰特指指山下说："要是你在安格利亚冰期站在这，你会看到冰盖从那边的白垩峭壁底部直接形成。"

450 000年前，奇尔特恩型白垩的故事展开了新的篇章，巨大的冰原覆盖了英国北部，一直往下冰冻到沃福德。如今的奇尔特恩，厨房里都用着雅家炉，人们都穿着巴伯牌夹克，但在那时这里是一片空寂寒冷的荒芜冻土层。从冰川和积雪融化的水以及夏季的雨水，不能渗过冻土层，只能从地表溢出，形成河道，最后切进岩石，创造了白垩景观的一道独特的风景：干谷。"冰川边缘的风化，雕刻出了整个英国南部的美丽线条。"法兰特说。再往北，一切都被冰铲平。"所以我们在南边用的特征映射技术，这在你刚才看到的冰川雕琢出来的北边就不适用了。"我想象巨大的冰块冷酷地移过一片风景。像埃利亚松和罗辛的"看冰"项目里的那种冰块，但是要大很多很多倍。冰质量巨大，足以把它经过之处的岩石磨碎碾平。

格雷汉姆看看她的手机，到时间了，其他测量员们也收拾收拾回小屋去了。返回途中，近傍晚的光使得山坡上所有的线条和角度都有一种雕塑般的质感——也是冰川边缘风化而成，就像画家埃里克·拉维利奥斯（Eric Ravilious）在他两次世界大战期间的南唐斯风景画中捕捉到的那样。《冬天的唐斯》（*Downs in Winter*）描绘了空荡荡的刚犁过的地，苍白的冬日阳光下，犁地的痕迹把山丘变成了一组简单的几何形状。《比奇角的灯塔》(*The Lighthouse at Beachy Head*)使用了交叉影线和绿色棕色的刷痕来描绘悬崖顶端,一个白色三角变成裸露的悬壁。《白垩道》(*Chalk Paths*)里一条黑色的铅垂线——篱笆桩——扎进凹凸起伏的地里。在伊斯特本附近长大的拉维利奥斯曾写道,"我喜欢清晰的形状。[16]"他说他喜欢南唐斯,因为它们的"设计""美得很明确"。

*

去奇尔特恩的旅行一两周后,我去了伦敦另一边的北唐斯散步。沿着一条山脊方向的农场路,M25 高速公路上的嗡嗡声和咆哮声微弱但持续,就像远处海浪的冲刷。脚下的路是浅棕色的,薄薄的表层土被冲走了之后,明亮的白色——土地的骨骼——就露出来了。

快到山脊的时候,我停下来,远远遥望了一下伦敦。叠在山毛榉和郊区的红屋顶上的是一抹模糊的蓝色,而灰白色和银色的塔楼从中矗立起来。我也朝城市回望,蓝色似乎更浓了一点儿。然后,有那么一会儿,古老的白垩纪海洋似乎回到了伦敦盆地。或者,就像在看一座未来被淹没的城市。我思考着融化的冰原水,海平面上升,以及,在我站在那儿的时候,苏格兰在抬升,而岛的东南端正在下沉——20 000 年前北边的冰原融化,引起了一种跷跷板效应,导致了这种起伏[17]。

城市里,我想象地面会像饱和的海绵一样变得沉重,地下水从铺路石中涌出,气泡从水管中汩汩流出,消散在水沟里。泰晤士河涨水淹过河岸,微咸的水会蜿蜒爬过齐普赛街进入圣保罗的地下,水淹过国会大厦、大本钟、威斯敏斯特大教堂,直到一抹蓝色取代了其他的风景。

"我们要去能摸到火山的地方。"文森佐·莫拉（Vincenzo Morra）告诉我。

午后的炎热中，我们开上那不勒斯西边的布朗山，穿过城外折扣店、废弃的足球场，停下车。停车处对面是一处荒废的平顶建筑，两种感觉同时扑面而来：味道——硫黄的臭鸡蛋味——和巨大的轰鸣冲击声，在山上的宁静中显得格外热闹。

莫拉带我走下一条通往小沟的窄道，噪声更响了。听着像宏伟的瀑布，或者飞机引擎，或某种恐怖的工业操作。最后我们终于看到了：灰岩石的裂缝里爆裂出巨量的蒸汽云。下面，翻腾的泥坑正在冒烟吐泡。附近没有任何植被。如果俯身摸摸地面，会发现特别烫，你不得不把手缩回来。

Campi Flegrei 是"燃烧之地"的意思，火山学家们称之为破火山口，就是旧火山喷发后又塌缩在自己身上，陷成 12~15 公里宽的巨大碗状洼地。同样以这种方式形成的，还有美国怀俄明州的黄石公园，巴布亚新几内亚的腊包尔火山和加拉帕格斯群岛的内格拉火山。几百年来，这座火山都在打盹，偶尔通过温泉和喷烟孔显示一下存在感。现在，莫拉有理由相信，它醒了。从人类角度来说，这可是个大问题。因为超过 50 万人以破火山口为家，很多人生活在那不勒斯西郊和波佐利镇。这个问题，就像我们得知英国利兹和美国波士顿都建在活火山口一样。

"每个人都害怕维苏威，因为他们能看到那个大圆锥，但是其实燃烧之地更危险。"莫拉点着烟跟我说，"维苏威嘛，你能看到哪里爆发了，但是在这里，你不知道。"维苏威是座复合型火山，火山学家们知道它会从火山口处或者圆锥里面爆发，但是破火山口可能从很多不同的地方爆裂。

"让 70 万人疏散避险可不容易。在紧急情况中，人们不知道自己需要做什么。你要问我太太，她也不知道怎么办。这才是问题。"

意大利南部海岸边就是非洲板块，北边一点靠近地中海。总有一天，你能从利比亚直接走进意大利。非洲板块撞到欧亚大陆板块，再往下钻到地幔的地方，有一些熔岩变成了岩浆。有时岩浆通过火山冒出地面，这是地下不停歇地搅动冲出地表的剧烈形式。造成燃烧之地火山的正是板块活动：板块的深时过程在人类时间里爆发。

为了更好地感受火山的规模和形状，莫拉许诺要带我出海。在港口，我们遇到了他的朋友，海洋生物学家卡尔米内·米诺波利（Carmine Minopoli），他会帮我们航行。我们驶向波佐利湾，穿过一排沙色的高耸峭壁，莫拉说："自希腊时代起，或者更早一些吧，人们就因为土壤的美丽和肥沃到这里来了。"那时水面平静，但是从深时的角度看，燃烧之地的海岸线并不平和，反而很激烈。我们目之所及的每一处地貌都由残暴的火山活动打造。黄中带红的悬崖，是火山灰压实而成。远处一块裸石上的深色是岩浆流的遗迹。

燃烧之地破火山口，据说由35万年前坎帕尼亚熔结凝灰岩超级爆发形成。20 000 年后，第二次喷发把第一次的破火山口扭成现在的形状。之后，又有数不清的火山内小规模喷发。我都不记得有多少次，莫拉指着火山锥遗迹的小山和小岛给我看。最后，火山安静下来。在深眠期，希腊人移居来了。他们发现了富饶的土地，合适的气候，宽阔的蔚蓝海湾。之后又有罗马皇帝们在这里修建了夏日避暑地，帝国舰队有一次在波佐利建了停泊港。本来应该有火山作用的证据的，这块区域的大部分是冒烟的喷气孔，温暖、明黄色的硫黄沉积，但没有什么能明显预示大规模火山之力就藏在地下。

从人类的时间尺度考虑，燃烧之地附近应该是很好的选择。世世代代，同渔船和葡萄园生活在这里，多多少少还是很平和的。如果有些人能回顾深时里的火山历史，即古代爆发的历史，那就可能为 1538 年的大爆发做好准备。同年 9 月，在特里伯戈莱温泉疗养村里，火山从地面直接喷发。随后的喷发不算剧烈，但是仍然把整个村子掩埋在一个 133 米高、700 米宽的圆锥下。见证了火山爆发的人们有这种描述：地面拱起、裂开，冷水喷涌而出，接着就是巨大的烟尘和深色的火焰 [1]。燃烧的烟尘和炙热的浮尘喷向 5.5 公里高的天空，还有"一组大炮开火的响声"。死亡的鸟儿从天空跌落，尸体渐渐覆盖了爆发点的地面。烟和浮尘封锁了建筑和植被，在波佐利镇形成了一层 25 厘米厚的地面，那不勒斯则是 2~4 厘米。那个圆锥被称为 Monte Nuovo，即新山。之后 400 多年，树木和房舍又在它的斜坡上出现。火山很安静，危险减退。在最近的居民调查中，被要求列出本区域的活火山名单时，只有 14% 的人提到了燃烧之地火山，只有 0.5% 列出火山是自己社区的三大威胁之———失业率和犯罪反而是更紧迫的问题[2]。

回到陆地上，莫拉送我回戴克里先的旅店。这是一条粉尘和汽油蒸汽弥漫的长街，两边是高高的公寓楼，屋顶上密布着电视和卫星天线。7 月的烈日下，衣服在阳台上晒干，小型摩托车在早晨的交通拥堵中灵活地钻来钻去，当地人坐在溢出街面的咖啡店。莫拉愉快地说："这全部在红色区域内。"红色区域就是很可能会被燃烧之地火山摧毁的城区。

傍晚晚些时候，我在 Vulkania 比萨店吃饭——它也在红色区域，用餐者们都坐在一米高的圆锥形的火山模型旁。这是在拙劣地提醒大家及时行乐，享受比萨吗？毕竟，天可能明天就塌下来了，火山烟尘会遮蔽那不勒斯的阳光。"我们不能跟自然斗争"，坐在外面长凳上的一个人的观点如是。他 70 多岁了，人生哲学是：要发生的总会发生，没必要郁闷。

晚上，在红色区域的旅店里，我看到 YouTube 上的视频，是燃烧之地火山爆发的模拟动画。也许，我想，要生活在像燃烧之地、洛杉矶或旧金山这样的地方，你得有一套适应危险的内在哲学。缓慢而隐蔽的深时过程可能随时会变得迅猛而明显，大家都普遍接受这一点。屏幕上，先是形成一片红黄色的烟卷，直向上飘去，然后降落，向东南西北四散开去。红黄色的烟舌在地面翻滚，冲进海里去。

*

人类历史已多次见证了我们努力同自己引发的气候变化纠缠，但火山仍然是高于我们的不可撼动的存在，就像海洋、飓风、冰川那样。在本书写作期间，工程学无法解决它们带来的危险，科学也不能全然理解。即便我们被老鼠、蟑螂、机器人取代之后，火山仍将持久存在。火山爆发时，人类能做的唯一有用的事就是逃离。

很久以来，我们曾尝试理解火山。最早的火山学家大概就是小普林尼（Pliny

the Younger）——他是第一个描述火山爆发的作者。公元 79 年，维苏威火山爆发，他是这样写的：烟云升起，我无法描述得更详细，只能把它比作巨大的松树，它以一种树干的样子直冲云霄，在顶端伸出树枝[3]。我们现在把这种爆发形式称为"普林尼式"。比如，1980 年华盛顿州的圣海伦火山，1883 年印度尼西亚的喀拉喀托火山。

火山研究分为两种主要形式。第一种是研究现代火山，它们仍然在活跃期，会在地球表面爆发。这些可以被监控和测量。第二种就是研究过去火山的信息，针对死火山，不是活火山的。我们通过研究岩石的信息，看看火山在过去的深时里如何爆发。在英国的一个下午，我去伦敦大学学院见克里斯多夫·基伯恩（Christopher Kilburn）了解详情。

基伯恩 20 世纪 80 年代就在那不勒斯学习，目前仍然在这里工作。"第一次见到爆发时，你就会跟其他所有人一样，"他说，"拍照，拍视频，有什么拍什么。火山是非常激动人心的。我的意思是，我不想鄙视古生物学，但是老实说，这真不是一件事……当然，除了炫耀之外，可能确实有一些人就喜欢盲目冒险。就是做点'我是泰山'的那种感觉的事。"

他解释说，火山有点像人类。它们会有一些世代相传的特征，但是又各有各的形态规模，每个都有自己的背景故事，都有些古怪个性来决定它们什么时候爆发，爆发到什么程度。不过一般来说，火山还是这样的：在 50~200 公里的深处，岩石融化变成岩浆。岩浆比周围的岩石轻，会一直上浮。燃烧之地这里，一些岩浆显然是从 5 公里深处的大的岩浆库上涌到 3 公里处。现在的问题是，然后呢？基伯恩解释说：

现在还不能做出长期的预测。想象我们就在岩浆可能从存储处溢出的地方。那时的可能是：第一，它溢出了但没有涌向地面。第二，它溢出了，朝向地面但是不足以穿透地壳。第三，直接朝向地面，爆发。要知道到底会发生哪种情况则是很大的挑战。而且我们也不能简单地透过岩石观察岩浆走到哪里了。

要弄清楚地下岩浆的行为，就像蒙着眼睛拼一个复杂的拼图一样，和我交谈过的另一个科学家这么形容，就像"看着一个和巨大迷宫一样复杂的管道系统"。

也有很多标志或者指标来预示火山要爆发。对于已经沉寂已久的火山，有两个标志：你经常能看到的火山地面形变和越发频繁的地震活动（因为岩浆的流动）。在一个火山口，莫拉给我展示，在燃烧之地的很多地方，火山学家装配了一大批GPS感应装置来测量火山的关键指标，就像一位小人国动物管理员，焦虑地看守着巨大的冬眠野兽。别的指标也可以测量，比如，火山口的温度，地球化学变化，二氧化碳流量的增加，还有从硫化氢到二氧化硫这些气体的变化等。最后这一项，偶然路过的人也能体察到你闻不到的臭鸡蛋味，当眼睛开始刺痛的时候，你就知道火山要爆发了。

"短期来说，比如几天之内，你可能会说这些信号符合火山即将爆发的预测，这种预测就跟天气预报的准确率差不多。"基伯恩解释说。但是这些信号并不保证火山最终绝对会爆发。人们可能会原谅天气预报员一次报错，但对火山爆发的预报，人们要苛刻得多。谨慎的火山学家还不能给予人们要求的那种精度。

但每一次，有大爆发的时候，科学家都有新的认识。1995年，蒙特色拉特岛的昌色斯峰爆发，1年后基伯恩飞去，加入了一个监控后续情况的小组。在蒙特色拉特火山观测台，他偶然发现了一张图，图上的一条向上的锯齿形曲线呈现了波峰和波谷，代表了爆发之前发生的一系列地震。他想起了杰出的火山学家巴里·博伊特（Barry Voight）关于常见爆发趋势的谈话。那次谈话时，基伯恩还在研究别的领域——岩浆流——但他记住了博伊特的话。在蒙特色拉特，他在那张图上，看出一种趋势——火山爆发前，地震加速发生。

20世纪80年代，火山学——或者更普遍的说，地质学——正从几乎是纯观察型的学科变成量化型的学科，地质学家们也在寻找数学模式，建立模型。在博伊特之前，火山学家根据爆发前能看到的现象——比如地震——是否到达关键值来做出预测。博伊特的关键洞见是，看到了物理过程的变化率对预测也很重要。基伯恩决定用这种观察创建一个模型来预测燃烧之地的情况。要得出这个模型，他需要了解并确定岩石碎裂的基本物理规律。他摇着头说："这花了太多年！"基伯恩认为他准备好千禧年就发表，但教学啊，其他项目啊，还有许多的"开头难"阻碍了进展。一直到2017年5月，他的结果终于发表了——结果让人非常担忧。

*

在那不勒斯西部，燃烧之地的红色区内，有一幢不显眼的玻璃门面的办公楼，维苏威火山监控站在这里租了五层。"监控站有责任监测火山爆发，但在爆发前却要撤出。这简直匪夷所思。"观测台主任弗朗西斯卡·比安科（Francesca Bianco）博士告诉我，"我们要求一个新办公地点，但没那么简单。"

这里由波旁王朝的费迪南多二世于 1841 年建造，是世界上最古老的火山监控站 4。原来的楼现在是个博物馆了，它是维苏威山坡上一幢优美的新古典主义建筑。在 19 世纪，从山坡喷涌出了熔岩河，有些人赶紧跑开，有些人则被吸引而来。例如，1872 年维苏威火山爆发时，火山西北边突然涌出大量岩浆流，一些人"被近距离观测火山的好奇心驱使"葬身其中。一两天后，监控站自身也被岩浆包围，情况危急，但那时的主任路易吉·帕尔米里（Luigi Palmieri）仍拒绝离开，为了继续观测和记录，他留在自己的岗位上。火山学的黑暗魅力，部分必然来自它书写在伤亡之上的历史。更近的是 30 岁的美国火山学家大卫·强生（David Johnston），他在 1980 年圣海伦火山爆发中丧命。就在被火山碎屑流赶上的前一刻，在他的观测岗上，他用无线电传出了著名的遗言："温哥华！温哥华！火山爆发了！5"他的同事格里肯（Glicken）对他的牺牲一直非常愧疚，因为他为了接受一场采访跟强生换了班。1991 年，格里肯则在日本云仙山火山爆发中丧生。

如今，在伊斯基亚岛、维苏威和燃烧之地，都有遥感器把信息传回监控站主监控室，监控站的大部分墙面上都是扁平的电脑屏幕。中心室的一张桌子上只有一部红色电话：这是从监控站到罗马的民防保护部（Civil Protection Department）的紧急线路。

如果真的预测到火山要爆发，比安科就会用这部电话联系上级。30 年前还是个学生的时候，他就进入监控站工作了。她和我在那不勒斯遇到的其他科学家一样，选择了待在她长大的地方工作。她是监控站的第二位女性主任，管理着100 多位员工。女性大部分都在行政部门，只有两位女性是资深研究员。"很多时候，科学仍然是男性主导的环境，"她告诉我，"但是事情正在变化。比如，我成为主任的那天，监控站的主管机构，国家火山学和地质物理学研究所（National Institute for Volcanology and Geophysics，INVG）也提名了第一位女性总干事。"

2005 年，比安科和她的同事们第一次留意到燃烧之地的数据里有一些让人担忧的部分：破火山口的土地在往上移动。这种情况在 1950—1952 年，1969—1972 年和 1982—1984 年间发生过三次。其中最后一次，地面隆起了两米，相应的地震迫使波佐利疏散了 40 000 居民——其中一些再也没有回来。每一次地面开始移动，火山学家们都在紧张地等待着，地震活动加上地面形变（这次是隆起）是火山将要喷发的两个主要指标，但火山至今仍然没有喷发。

到了 2012 年 12 月，新的隆起出现，还有其他地震活动的信号，莫拉和其他火山风险委员会的成员们相信，燃烧之地的警戒水平应该从绿（正常）变成黄（注意）了。监控站的所有活动都升级了，买入了更多新的设备。火山防控避难信息包发给了当地的学校。"我们把信息发给孩子们，他们传递给父母和爷爷奶奶们。"比安科说。

2016 年，乔瓦尼·基奥迪尼（Giovanni Chiodini）和 INVG 的其他科学家报告了腊包尔和内格拉火山爆发时代表破火山口喷发之前岩浆行为的模式[6]。"超过 50 万人生活在火山口附近的事实……强调了我们更好地理解这些相关活动的紧迫性。"他们写道。1 年后，基伯恩发表了他的模型，让这份呼吁更深入人心[7]。

地壳延展破裂时火山就会喷发。岩浆穿透地表，地壳被迫扩展开。想象一根橡皮筋带，你可以一直拉伸，但总有猛然拉断的一刻。地壳也有类似的情况，它裂开时，岩浆喷发而出。基伯恩制作了第一个地面移动、地震活动的数量和地壳破裂的可能性之间关系的完整模型。"（这个模型）提供了一个我们可以量化所有指标的架构，"他说，"到目前为止，这种事情，我们都是靠感觉而不是客观实际的方法。"

这个方法被用到了燃烧之地上，由此，基伯恩的模型打破了动荡的 1950 年到 1985 年之间流行的假设：被拉伸的地壳每次都会归位到类似的原始状态。事实上，看似明显分开的阶段都是一段延长了的地震活动的不同阶段。如果基伯恩是对的，下一次重大的隆起就不会从上次爆发的地方开始，而是从上次结束的地方开始。也就是说，火山外壳离裂开点更近。他说："困难在于，人们可能会被第一次的事件吓到，但是第二次他们就不会那么恐慌，第三次就更不会了……但应该完全相反才对。没有必要的话，你不会想去吓唬别人的，但还是希望信息能传达到位。"

*

　　民防保护部设想了燃烧之地四种可能的喷发情况：爆炸性喷发，这会被归类为小、中等、大或巨大几个类别；从不同喷口同时多处喷发；由蒸汽驱动的蒸汽喷发（地下或地表水被岩浆加热迅速气化所造成）；岩浆在地下平稳流动的溢流式喷发。他们计算出 95% 的可能性是小于中等的喷发。但因为破火山口处有大量人群，这仍然会非常危险。如果你在错误的时间出现在错误的地点，一个小的喷发，跟大的一样，都能迅速置你于死地。

　　更壮观的大火曾经发生过，可能也会再次发生。4100 年前 Agnano Monte-Spina 火山在破火山口爆发[8]。一些火山学家以此认为燃烧之地会有"大型"喷发。在这种情况下，反复的地震会撼动大地。巨大的灰云会在喷口弥漫，在黑暗中裹住喷口。这种云可以由热水柱形成，毒气、烟尘和浮石，会弹到 25 公里高的空中。任何靠近喷口的人都会被狂热的岩石和卵石轰成碎片。滚烫的灰尘会沉积下来，厚到足以摧毁建筑，并会从 40 公里之外降落——就是从伦敦到吉尔福德的距离，或者爱丁堡到福尔柯克，或者纽约到新泽西爱迪生的距离。

　　艾米·多诺万（Amy Donovan）博士，剑桥大学讲授地质灾害的讲师，他在我们用 Skype 聊天的时候说："火山落灰非常麻烦。有一次天空变黑时，我正好就在火山边，卡车前面必须有人引导，我才能往前走。在很厚的火山灰里开车，对车也是很大的损害。虽然看起来像面粉，但其实是岩石，所以它们不是一刷就走，它能钻进任何机械和电子设备里去。火山灰那么厚重，没有面具的话，你在外面根本无法呼吸。"

　　更麻烦的是喷发柱瓦解之后会有碎屑流。在民防保护部网站上，有简明扼要的建议：*唯一的防御措施……就是从可能被喷发影响的地区提前撤离。*莫拉解释说，碎屑流，比岩浆要危险得多。岩浆一般来说流动缓慢（也有例外）。你可以逃走，甚至在上面行走。在冰岛，一些社区甚至可以把岩浆引到港口外面去。但是没人可以把碎屑流引走。它们是混着热气和岩石颗粒（火山灰）的致命热流，速度高于每小时 60 米，温度可达 200~700 摄氏度。含的岩石少一点、气体更多点的，就是火山碎屑岩涌。YouTube 上的视频里碎屑流呈巨大的滚动的棕色云块，掩盖了它们活动轨迹上的一切。所有的树木和建筑都被一扫而空，一层层的碎屑堆积起来有几百米厚。这种情况的极端热量会在不到 1 秒内杀死所有生物。庞贝的碎屑流温度高达 300 摄氏度，这会导致人类肢体的痉挛，就像在石膏模型里发现的那些人一样。

对比安科和其他监控站的员工来说，最大的挑战之一就是什么时候发出最后的红色警报。目前还没有相应的执行标准。基伯恩的模型可以解释地壳破裂，但是也不能保证一定喷发。"还有很多需要考量的，比如重要的专业判断。我曾经见过吗？我当时怎么处理的？"多诺万解释说。但是大爆发相对罕见，可能需要一辈子才能形成专业判断。比如美国地质局，现在就面临着一批有经验的火山学家退休的问题，他们曾经历过多次大型喷发，肯定考虑过如何保存自己的专业知识。

风险相当高。在 2009 年的亚桂拉地震（一场高风险低概率的地震，很像火山爆发）中，300 多人身亡。2012 年，6 位科学家和一位政府官员被判过失杀人，刑期 6 年。检察官称，在大地震前曾有持续的小型震动，这预示着增加了风险，但所有人——政府风险评估委员会的所有成员——都未能就此告知公众。一些遇难者家属称，就是因为官方声明轻描淡写，他们的亲人们才在地震来袭时做出了灾难性的决定：待在室内。相反的评论则表示，并没有准确的地震预测方法，这场审判会让科学家未来给政府提建议时更加迟疑。2014 年，上述科学家的有罪判决在上诉时被推翻。

在另外一种极端情况下，1976 年的瓜德罗普岛火山爆发危机中，火山学家们仍然被纠缠不休。在 3 个月到 9 个月内，72 000 人被疏散，付出了巨大的经济和个人的代价，但火山最终并没有喷发。

"要让政府优先考虑火山的风险是非常困难的。因为比起火山几百甚至几千年的休眠期，政府任期要短得多。"多诺万说。从心理层面和实践层面上，很难为深时事件做好所有的准备，盼望在你有生之年它不会发生则比较容易。（全球范围来说，这个问题更为复杂，因为发展中国家的火山风险是最高的，而这些国家的政府面临过多的更紧迫的需求，于是资源就会被投入到那些他们认为更需要的地方去。）

一旦燃烧之地发出红色警告，应急管理部门和科学技术顾问们会在罗马的民防保护部总部碰头。一个早上，我离开那不勒斯的旅馆，乘火车北上。野火在围绕城市的山腰燃烧，空气迷蒙而高热，空气中有篝火味。罗马，更热。到达民防保护部有空调的办公室后，让人不禁松了一口气。在这里我观察到了双重保险的策略：墙上除了各种闪光的现代技术，还有一个十字架，在操作室前面的小厅里，两把椅子放在画得富丽堂皇的金色标志前。

"我们已经计算过，要完成全部的疏散需要 72 小时。"应急管理办公室的大卫·法比（David Fabi）说。这包括：12 小时的组织和 48 小时的撤离，还有 12 小时以备不时之需。这项工作需要惊人的英勇和技巧。法比和他的同事们穿着蓝色的 polo 衫，看起来已经准备好随时跳上一架直升机。他们把红色区域分成 12 块：6 个自治市和 6 个那不勒斯社区。我去拜访的时候，他们正在更新疏散计划，分发居民问卷，调查在紧急情况下他们会如何离开红色区。预计大部分人会自驾——虽然也要考虑本地和乡村道路的质量，以及这些道路是不是能承受如此大的交通量。在疏散中，收音机、网络和电视都会用来向居民广播，还会提供额外的运输工具，包括 500 辆公共汽车、220 辆火车和每天用于疏散的船只。这 12 个区域，每个都与意大利的其他地方对接成友好城市，被疏散的居民会有暂时容身之处，比如，波佐利的居民会去伦巴第，那不勒斯基亚附近的居民会去西西里。

这些计划都是在没人知道火山什么时候喷发，没人知道破火山口的哪些路会被封堵的情况下制定的。而且这是以确实有关键的 72 小时警报为前提的。在 1994 年腊包尔火山爆发的报告里，休·戴维斯（Hugh Davies），巴布亚新几内亚的地质学教授，写道："（现在有了）明确的证据，破火山口塌陷型火山可能只有短短 27 小时内的前兆活跃表现，这意味着，对其他那些靠近的居民点而言，安装监控设备对这种类型的破火山口，尤其是加州的长谷破火山口和那不勒斯附近的燃烧之地，很有参考价值[9]。"

确实，腊包尔的爆发速度意味着相关当局只有 12 小时的有效预警时间，那么爆发前的安全评估，比如食物分配到救援中心，医院的有序撤离，还有防灾指挥部和电台的重新安置，都无法实现。

科学家、官方和居民提前进行的交流，是燃烧之地成功疏散的关键。腊包尔爆发中，虽然只有 12 小时预警，还要疏散 45 000 人，但最终只有 5 人身亡（4

人是直接死于火山喷发，一人被闪电击中）。在戴维斯的报告中，他推测，人们对灾难的警觉程度之高是其成功的一个主要因素。在燃烧之地，基伯恩也采访了曾见过 20 世纪 70—80 年代波佐利疏散的居民，他在邮件里解释说，结果让人担忧。"关于疏散是不是完全由科学原因决定，人们心底有很多怀疑。"疏散会让投机者得利，比如波佐利的房价，他们会在这种紧急情况中趁机占便宜，这是一个反复被提到的话题。"这种怀疑并没有明确的理由。但是，即使是错误的，人们一旦相信这是真的，就会增加反感，不愿意接受火山爆发的可能。"

多诺万对此表示同意。"信任很难争取，却很容易失去。有些在于沟通，让人们理解预测的不确定性，科学家并不会故意隐瞒或者故意给出不好的信息，他们只是确实不知道到底会发生什么，以及什么时候爆发。"

对科学家和当局的不信任，是很多人在火山喷发前离开家时颇为犹豫的一个主要因素。其他的考虑包括对趁火打劫的恐惧，以及宠物问题。"你是把猫带上，还是会把猫留下看能不能扛过火山爆发？对很多人来说这是个严肃的问题，尤其是在发达国家。"多诺万说。对其他人来说，光住在临时避难所就已经让人望而生畏了。1995 年蒙特色拉特岛的疏散中，很多老人选择留下，然后死亡。他们宁愿留在自己家里，也不愿面对临时的、拥挤的、避难所里的不卫生、不体面的条件。另外还有关于时间的不确定性，即便疏散人群能回到家，火山喷发可能还要持续几个月甚至几年。

"我们得更努力听听人们的想法，以及他们不清楚和想知道的情况，看看这些担忧能不能解决，"基伯恩写道，"关键是，预测的有效传达和第一时间预测正确是同等重要的。"

*

那不勒斯西部的岩沟里，我从火山口转而往下看，棕色的山腰，红色区的屋舍、店铺、公寓楼在热气中闪烁，路边肥沃的火山土上，繁茂的粉、红、紫的三角梅正在盛开。远处是一片片的葡萄园，海岸线上散落成群的是黄色陶瓦建筑。

从深时的角度考虑，我能看到的一切都因火山而生。35 000 年前，它喷发、倒塌，形成了碗状的破火山口。落下的尘土压缩成岩石，流动的岩浆凝固成岩层的露头，旧的火山锥上已经树木成荫。之后，肥沃的火山土养育了附近的人们和他们的子孙，他们还在山边用火山形成的岩石盖起了房屋和公寓。

　　未来这里看起来会是什么样，很大程度上取决于火山的下一步动作。燃烧之地的山脉、街道、土地之下 3 公里，岩浆正在秘密空间里酝酿。地面上，科学家们紧张地捣鼓着仪器和计算机，观察着锯齿状的曲线在屏幕上左右摇摆。政府工作人员在策划着他们希望永远也用不上的复杂方案。红色区的居民过着普通的日子，按照人类的时间，日日年年，生生死死，面试、度假、上路、离开。有时会有记者——通常是外国记者——会来问他们，生活在这里，到底是什么感觉？你会害怕吗？担心吗？他们耸耸肩。他们一直住在这里。他们的父辈、祖父辈、先祖们，一直生活在温泉和硫黄味的喷口处。

　　我回头再一次看到裂隙处溢出的蒸气和烟雾，用脚尖戳了戳地上一截烧焦的树枝。莫拉靠近喷口："对我来说，这很美，"他说，"火山的呼吸。"

1947年2月12日早晨，艺术家梅德韦杰夫（Medvedev）正在苏联远东地区绘制一幅伊曼镇（Iman，现在叫达利涅戈尔斯克）的画。过了一会，一个比太阳还耀眼的巨大火球，从锡霍特山顶划过，留下了一条33公里长的滚滚烟道。上午10:38，空中响起剧烈的爆炸，300公里外都能看到和听到[1]。梅德韦杰夫赶紧拿起画笔。

最后的作品是一幅闪着贝母光泽，光芒四射的烟道，越来越窄，最后在堆着雪的斜屋顶上变成了一个炙热明亮的点。他刚刚画下了历史上最大的陨石坠落。在庆祝陨石坠落十周年时，这幅画被印成了苏联邮票。

一队苏联地质学家花了3天才找到撞击点，陨石被深深埋在一片遥远的森林里，在被白雪覆盖的松树、云杉、落叶松间。这颗流星飞进地球的大气层，遇到空气阻力时炸开，冲击波把四方的树都夷为平地，留下足有26米宽的撞击坑，21吨以上的地外物质散落在附近的村庄。

要是这颗流星在莫斯科或者伦敦爆炸的话，就是完全不同的故事了。还好苏联远东地区人口稀疏，爆炸并没有引起伤亡。这只是意外，还不是灾难。

62年后，伦敦圣詹姆士国王大街的佳士得拍卖行，我看到一小群人在竞拍陨石。事实上，大部分在场的人都是卖家，是来跟他们的收藏说再见的——但电话繁忙，还有来自世界各地的线上实时竞拍者。那天早上，你可以买一小片火星（准确地说，是火星陨石，在一次小行星碰撞中，一小块石头掉落在地球表面），来自俄勒冈的一小块硅化树桩，来自蒙大拿的一颗雷克斯霸王龙的牙齿，来自玻利维亚的酸性的黄色结晶硫。

一位皮肤晒黑、穿着深蓝色polo衫的灰色头发的男人一直在举牌。他花了整整44 000英镑，还不包括买家佣金（成交价225 000英镑以下收取25%），买了 5 颗陨石，一只三角龙的角，一块雷克斯霸王龙的脚趾。最贵的一拍——14 000 镑——是第 30 号，一块 22 厘米 ×28 厘米 ×10 厘米，青灰色弹片状的锡霍特陨石。我猜他在博物馆工作，打算整理出一份藏品。但不是，拍卖后他说，陨石只是个人爱好。"只是喜欢，真的，"他说，"对我来说，是投入感情的事。它们从那么遥远的地方，经过缓慢旅途而来，这多神奇。"我听不出他的口音，意大利？希腊？他夹着一个小黑包，介于公文包和手提包之间。"我喜欢恐龙，是因为它们让我想起孩子们还小的时候。"

那他会怎么处理陨石呢？它们是要陈列在他的居家办公室的墙上。"就像一幅画。"他走向拍卖行的门口说，他不是专家，远远不是。事实上，他尴尬一笑说，他拍错了两颗陨石。

*

很多地质学家都说，地球上最古老的岩石是加拿大西北部的、呈鲑鱼粉色、嵌着黑条纹的阿卡斯塔片麻岩，大概 40 亿岁，只比地球自身年轻 5 亿岁左右（一块样品在佳士得以 900 英镑拍走）。稍微再古老一点点，大概 44 亿年前的一块——甚至严格来说不算岩石的——是嵌在西澳大利亚杰克山里的锆石。如果再古老一点，再往深时深处一点的物质，你就得去外天空找了。

拍卖后 1 周，我回到佳士得看看另外一块锡霍特陨石。整个一块是铅笔芯的颜色，很黑，微微闪光，表面是极小呈圆形的压痕，就像曾是一个软软的黏土球，被一个很小的拇指按过，这里，那里，这里，那里。它几乎全部由金属构成，人们认为这是一颗形成于太阳系初生时的、小行星融化后的核。我把它握在手里，触摸着我所能遇到的最古老的物品，大概有宇宙 1/3 的年纪。45 亿多年前，当地球还在冰期和温室的周期中循环，这块岩石就漂浮在黑暗中，穿过行星与小行星之间的寒冷空间。现在它在圣詹姆斯的一个热闹的拍卖行，贴上标签，起拍价为 15 000~25 000 英镑。

"想到它这么古老，我脑袋都要爆炸了。"佳士得科学和自然史部主任詹姆斯·希斯洛普（James Hyslop）跟我说。2016 年，希斯洛普组织了佳士得第一次专门的科学与自然史拍卖，如今变成常规了。我们见面那天，拍卖行正张罗着

"手袋与珠宝"。希斯洛普预售展里的岩石、恐龙骨头和菊石的位置，现在摆上了古驰、爱马仕和路易·威登。一种价值被另一种价值取代——在拍卖会中给物品标出价格，带来了一种奇怪的等价感。买一块锡霍特陨石的价格，在另外一场拍卖中，你可以买到 2018 年的爱马仕木兰粉多哥皮铂金包，一封伦纳德·科恩（Leonard Cohen）1961 年写给玛丽安·伊伦（Marianne Ihlen）的信，或者是 1926 年保罗·克利（Paul Klee）名为《攻击植物》（*Attacking Plants*）的画。

希斯洛普说："在我看来，陨石价格是被极其低估的，"在拍卖中，一些陨石的价格已经破了百万美元，虽然有些不是公开拍卖的。"想想，地球上所有已知的陨石质量，比地球上每年金产量还少，作为稀有品，它们应该价格更高。我觉得这是让人震惊的。"

因为一两块陨石确实卖到了 6 位数，这场拍卖的平均价格大概是 11 000 英镑。我去过的那场，大部分都在 1500~5000 英镑。希斯洛普推测说，这种低价，部分是因为艺术市场还没有意识到陨石也是可售的。大部分来拍卖的陨石都是"首拍"，也就是它们以前没有被拍卖过，要么是私下售卖的，要么是直接从挖掘地来的。"所以你可以容易地买到世界级的陨石。"

什么叫世界级的陨石？钻石有 4 个 C 的标准：切工、色泽、净度、克拉。衡量陨石价值也有 5 个 S：尺寸、形状、美感、科学性、故事。

从尺寸来说，越大越好——在某个范围之内的大。"到了一定大小，搬都很难搬了，价格就不会再上升了，除非又到了一个巨量的尺寸，才会再上升。"希斯洛普说。我们坐的那张桌子尺寸大小的陨石，可能就没有它 1/3 大的陨石更有商业魅力。"但这个房间这么大的陨石"——我们坐在一个更衣室大小的空间里——"那可能就很值钱"。

形状，可能是价值最重要的标准。"有些铁陨石看起来很像当代抽象雕塑，但如果只有一块砖那么大，还坑坑洼洼的，就很难卖掉。"希斯洛普解释。美感，在陨石市场也很重要。买家们希望摆在房间里很好看的，或者符合他们想象中陨石的样子（这种印象很可能来自一部电影）。

然后是科学性。不是随便一块从天而降的石头就可以被命名为陨石，除非有国际陨石协会的正式认证。必须是在它们的杂志《陨石公报》上刊登过报告，样品储存在国际认可的机构里，比如伦敦自然历史博物馆。在拍卖时，希斯洛普希望知道这块陨石的独特科学记录，如罕见程度、来自哪里〔月球和火星陨石非常罕见，人们也非常热衷于它们。兰迪·科罗特（Randy Korotev）——圣路易斯华盛顿大学的陨石专家——估计目前已知的陨石中不到 1‰ 来自月球，来自火星的也差不多[2]〕。

最后，希斯洛普还要问问这块陨石有没有什么故事。从历史知名地来的陨石——比如锡霍特流星雨——在拍卖中当然更受欢迎。另外一些陨石的珍贵性在于，有些是在 1812 年博罗金诺战役 48 小时前掉落在俄国炮队前面，那是在血腥的拿破仑战争期间。"再比如说：掉落在英国的陨石只有很小一把，但如果你是英国收藏者，你就会为掉落在约克夏的故事付上佣金，"希斯洛普说，"或者是在阿根廷砸死了一头牛的陨石。这是迄今为止确认过的唯一陨石致死的故事，所以这块特别的石头也会有佣金。"面对磅礴无限的深时，你很难不注意到，比起其他的特征，新鲜和故事性总是最吸引我们的。

希斯洛普把陨石举到光线下："对艺术品市场来说，陨石是一个巨大的死亡象征。我们相当肯定，是陨石灭绝了恐龙，好莱坞喜欢提醒我们，这也可能发生在我们身上。"2014 年他拍卖了第一块陨石，最大的客户群之一就是死亡象征的收藏者和劝世静物画家们——那些画会一丝不苟地细致描绘静物和盛放的花朵，闪亮的葡萄，灭掉的烛台，沉默的乐器，象牙色的头骨，象征着我们死亡的不可避免和尘世欢悦成就之无常。"陨石被当作死亡的符号。"他说。

之后，走在国王大街上，我抬头扫过天空。圣詹姆士广场上，我拿出手机。ebay 上也有陨石卖。一位从事魔法和巫术的人卖 2 厘米锡霍特陨石碎片，15 英镑。一位国际陨石收藏协会的佛罗里达会员，以 4420 英镑的价格，出售 1.16 公斤的来自肯尼亚的石铁陨石。石铁陨石里有地外矿石——比如这块，在银色的金属底座中，就有滴淌的蜂蜜形状的橄榄石晶体。如果我有一块石铁陨石，我很想把其中一点儿取出，放到一块吊坠上，或者镶到戒指上。

顺着网络的重重故事，我开始读到，巨石阵是一个史前陨石预测器[3]，还有其 21 世纪的同僚：由美国航空航天局和夏威夷大学合作建成的 ATLAS 小行星撞击预警系统[4]。资料表明，每年从太空掉落到地球的物质的总质量有 33 600~

70 800 吨[5]；大部分是灰尘大小的颗粒；每2000年左右，会有一颗美式足球场大小的流星撞到地球造成严重的破坏[6]；每个世纪，直径20米的小行星会撞击地球两次[7]；古埃及人用富含铁的陨石做珠宝[8]；1954年一位阿拉巴马锡拉科加的家庭主妇安·霍奇斯（Ann Hodges）在沙发上打盹时，一块黑色板球大小的陨石砸穿屋顶，在收音机上反弹，又猛撞在她的臀部。那时的一张照片显示，安躺在床上，一位医生拨开她的睡裙，一大块深色瘀伤露出来，大概就是英式橄榄球大小的形状，边缘羽状像是墨水氤到潮湿纸片上。

霍奇斯闻名一时。关于陨石的归属也有一场拉锯战。霍奇斯的女房东宣称陨石是属于她的，而霍奇斯觉得那"是上帝赐予我"[9]。最后，他们经法庭调解，女房东出款500美元庭外和解了。霍奇斯希望这块陨石能有个好价钱，他们和解的时候还有人有兴趣购买，但最终还是无人问津。后来她们把它捐给了阿拉巴马自然历史博物馆。之后霍奇斯精神崩溃，夫妇离婚。

1972年，54岁的霍奇斯死于肾衰。她的前夫尤金对报纸表示，就是陨石导致了她的崩溃和他们婚姻的崩塌。她"不是"一个追求关注的人，博物馆馆长兰迪·麦克雷迪（Randy McCredy）向《国家地理》（*National Geographic*）的记者表示，"霍奇斯夫妇只是单纯的乡下人，我确实觉得各方的关注导致了她的悲剧。[10]"

英国著名的白垩山丘：东苏塞克斯的七姐妹悬崖

德国不莱梅，魏格纳极地与海洋研究所，冰芯样本储存处

（拍摄：Hannes Grobe，图源：wikipedia）

西卡角（作者：Dave souza，拍摄于 2008 年 4 月 2 日，图源：wikipedia）

在中国的金钉子，位于浙江省长兴煤山同一剖面（左为长兴阶底界金钉子，右为二叠纪/三叠纪界线）

1906 年旧金山地震后燃烧的街道（图源：wikipedia）

西班牙安特克拉自然公园，在侏罗纪时期是一片海洋，现在公园里有许多鹦鹉螺化石

意大利西西里岛，喷发的埃特纳火山

月球陨石

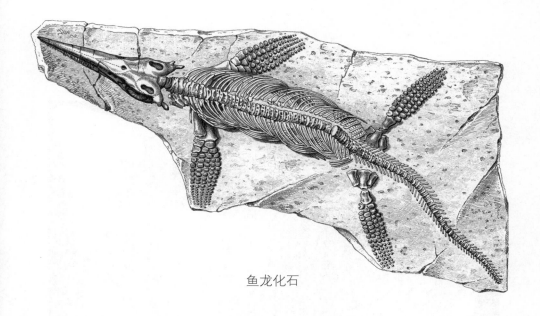

鱼龙化石

　　19 世纪，人们开始从岩石中采集化石，并由此引发了这个领域最初的重大科学发现。玛丽·安宁是其中最著名的化石采集者。

泥盆纪植物 cladoxylopsids 的化石（拍摄：Kenneth Gass，图源：wikipedia）

中国自贡的恐龙化石博物馆

巴西钻石甲虫的鞘翅呈现的结构色（图源：wikipedia）

意大利托斯卡的卡拉拉大理石采石场

混凝土，被扎拉斯维奇认为可以作为人类世沉积物标志

昂加洛核废料存点最深处一角（图源：wikipedia）

刘易斯片麻岩，地球上最古老的岩石之一，位于英国苏格兰阿辛特（Assynt）的阿奇梅尔维奇（Achmelvich）

动植物

"贝尔崖化石店的老板一个月前搬走了。"桥街化石店的看门人说，"就因为电影拍摄。"他也是因为儿子去度假了，帮儿子看店的。桥街的化石店就在莱姆·雷吉斯博物馆对面。博物馆建于19世纪初。莱姆的第一家化石店，是玛丽·安宁（Mary Anning）开的，她是一位没受过什么教育、工人阶级的妇女，人们叫她"化石发现的无名英雄[1]"和"世界上最伟大的化石家[2]"。正在拍摄的电影《菊石》（Ammonite），就是基于她的人生故事改编的。

　　莱姆·雷吉斯是多赛特侏罗纪海滨的一个小镇。这周，人们聚在一起一睹明星风采，包括：凯特·温斯莱特（Kate Winslet）、西尔莎·罗南（Saoirse Ronan）还有菲奥娜·肖（Fiona Shaw）。温斯莱特就在当地一家店里买了件外套，人们还看到她在小酒馆喝啤酒。我待的峡谷街离马路很近，要是拍马车行驶的场景的话，这条街就会被洒满19世纪的泥土。在贝尔崖旁边，海滨大道古老的墙壁都重新翻修过，现在是看起来比真的还真的聚苯乙烯墙面。穿着荧光色夹克的人站在旁边，守着一堆道具：木箱子、各种桶，还有一圈圈的线。贝尔崖化石店有了新牌子：安宁化石。里面的一切都被扯掉了——包括电线。店主以前是退休建筑工人，现在变成了化石商，他在考虑把牌子继续放在门上，有助生意。

　　"不过我不是很懂，"他说，突然看起来有点不好意思，"就是他们干吗要弄其他那些东西。"

　　安宁去世后两个世纪——蓝石灰岩要花两个世纪才能堆积出7毫米——凯特·温斯莱特和罗南在她的传记电影里扮演同性伴侣。这部电影刚开始宣传时，是很容易让你觉得安宁身上最有意思的事就是她的同性之情了。

　　这种事，莱姆镇也众说纷纭。有些居民就不大赞同。"没有证据表示她有过一场同性爱情啊。"一些人说。《电讯报》（The Telegraph）引用安宁的一位后代芭芭拉（*Barbara*）说过的话："我相信，要是安宁是同性恋的话，人们会记录这个事的。但是我不觉得有什么记录这么说过[3]。"

其他人则对此很有热情。"长久以来，女性都被历史埋没和忘却。从这部电影里，我们只看到美好的一面。"推特上，"玛丽·安宁岩石"是这么说的。这是一个号召大家捐款为玛丽·安宁塑造雕像的组织，它由一个 11 岁的名为艾薇（Evie）的居民创建。"报纸上已经能看到很多关于它的歌曲和舞蹈，但我没看出有什么问题，"宽街上咖啡馆的一位女士说，"而且你也不能只拍个女性找化石的电影，别的什么都没有——那就实在很无聊了。"她的朋友点点头："没人那么生活，"她说，"总归会有一些爱情元素的啊。"

最终，一位对此事有点光火的人李（Lee）发推文说："第一，没有任何记者或莱姆镇居民看过这部电影，电影甚至都还没有做出来，最好还是先看完再批评；第二，既然也没有任何证据证明她有异性恋关系，那为什么要预设她就是直女呢？"

*

2019 年去莱姆镇旅行的人，可以在玛丽·安宁之旅（8 英镑）、简·奥斯丁（Jane Austen）之旅（10 英镑）、约翰·福尔斯（John Fowles）的《法国中尉的女人》（*The French Lieutenant's Woman*）之旅中选一个（3 个一起 75 英镑）。

福尔斯担任莱姆·雷吉斯博物馆馆长 10 年了，他做了很多工作来推广玛丽·安宁。1981 年他的小说拍成了电影，由梅丽尔·斯特里普（Meryl Streep）主演，电影就在镇上拍摄，吸引了大批游客。莱姆镇希望《菊石》也能再创辉煌。奥斯丁在 1803 年和 1804 年的时候来过莱姆，并把这里作为小说《劝导》（*Persuasion*）的背景，我认为这是她最好的小说。（现在有一家礼品店就叫"劝导"，卖"灵感来自海岸的礼品和服饰"。就在古老的岩石防浪堤旁边。）

1804 年，奥斯丁让家具工理查德·安宁（Richard Anning）——玛丽·安宁的父亲修理一些家具[4]。她有没有遇到玛丽尚无记载，但是如果她遇到了的话，也很难有人能猜到一位 29 岁的女性和一个 5 岁的小姑娘将会成为镇子的代表。奥斯丁最后没有接受安宁先生的服务——太昂贵了，她在给朋友的信里写道。

旅行向导娜塔莉·马尼福德（Natalie Manifold）小时候来过莱姆镇，因为她妈妈喜欢找化石，也喜欢《法国中尉的女人》。念完大学之后，她就搬过来了。"开始的时候，大概 10 年前吧，简·奥斯丁之旅最受欢迎，"她说，"现在呢，就是玛丽·安宁之旅了。"赶上有活动需求，比如莱姆化石节，她会打扮成安宁的样子，穿上定制的苔藓绿外套，系着红丝带的淡黄色软帽——这是安宁在她一生中唯一的肖像画里的样子。"当然，她不会穿成这样去找化石。"马尼福德说。他还给我看了一张画着安宁的铅笔画，她在海滩上，穿着多层的格子裙，还有一顶高帽——为了不被掉下来的石头砸到。

即便 21 世纪资讯如此发达，19 世纪的安宁的人生也难寻其踪，她从人们视线中隐去，只偶尔闪现。在那个时代的历史中，记载了少数几个她的闪光时刻，仿佛化石从悬崖边脱颖而出。

"一场马戏表演中突然刮起暴风雨，恐怖的闪电击过，3 个女人和 1 个小孩倒在一棵榆树下。"马尼福德告诉我。女人们当场死亡，人们把小孩放在温水浴中，她复活了。那个婴儿就是安宁。据当时的记载，她"曾是一个笨拙的小孩，但这次事故后变得活泼聪慧，长大了也是如此。"之后，安宁的父亲教她和她哥哥约瑟夫搜寻各种化石卖给游客和当地的收藏家，包括菊石、箭石、恶魔的脚趾（卷嘴蛎属，一种与牡蛎同属的贝壳化石）、化石鱼。如今我们在历史书页中搜索她人生的痕迹，而她则学会了阅读那本更大更奇怪的深时之书。

理查德·安宁死于肺结核，孩子们继续他们的化石生意补贴家用。玛丽 12 岁的时候，她哥哥在悬崖里找到了非同寻常的东西[5]。

那个化石头骨看起来像鳄鱼——但鳄鱼怎么会有这么像鸟嘴一样的尖鼻子，还有这么奇怪的镀金一样的圆眼睛？玛丽又花了 1 年来找身体部分，费尽力气才挖出了 5.2 米长的骨架的轮廓。

莱姆人还是把它叫作鳄鱼。科学家们最终命名为"鱼龙"，或者"鱼蜥蜴"。现在我们知道它既不是鱼也不是蜥蜴，是 2.01 亿~1.94 亿年前的一种海洋爬行动物，那时候莱姆镇还在侏罗纪海底。"鳄鱼"最后以 23 英镑卖给了一位热心的本地收藏家，之后又以 47 英镑卖给了大英博物馆[6]。现在它还在自然历史博物馆里躺着。做出这第一次重大发现时，玛丽还只是个小小少女。

*

科布（Cobb）长长的灰色臂弯，怀抱着海港。就在这里，在防浪堤这里，奥斯丁的路易莎·穆斯格罗夫（Louisa Musgrove）掉了下去，受了重伤；福尔斯的莎拉·伍德拉夫（Sarah Woodruff）站在这里，谜一样地凝望着那片海。远离海边是刷成白色和粉色的老镇子———一片杂乱的窄窄巷子———沿坡向上，仿佛摩肩接踵地要逃开水域。

有海，有一层层的岩石，那是大量石灰岩间夹着软又滑的泥，包围着莱姆镇的悬崖一直在变换翻腾。镇东边有欧洲最大的泥石流地布莱克芬。几年前，环境、食物与乡村事务管理部和当地的议会，花了 1950 万英镑建了新的墙和其他护栏，但是在涨潮时如果站在窄窄的条带上，凝望软软的灰蓝色悬崖，你会感觉所有人类的痕迹，都只会昙花一现 [7]。如果土地要把它们挪走，它们就会被挪走。悬崖一阶阶倾泻而下，就像海边的投币玩具机，硬币组成的岩层经常会喷出。这种情况发生时，成吨的岩石和泥直接坠入海滩之下，留下厚厚的黑色打痕，像一只油乎乎的手扫过悬崖的脸。

但正是这种持续不断的搅动，把化石推挤到地面上，每次暴风雨过后，每次塌方过后，化石猎人们就会在新的泥地里翻找。我去海滩边的时候没有暴风雨，但时候尚早，太阳、海洋和天空都还灰着，看不清颜色。地平线处的海是白色，向下通往海滩的台阶还在水下。这里暂时都是我的，我沿着窄窄的岩石和鹅卵石步道散步，旁边是泥泞峭壁和波浪的拍击冲撞，以及海水又卷回鹅卵石那边的吸气声。

以前在一条切进莱斯特的铁路上找菊石的时候，古生物学家扎拉斯维奇跟我说："我们在干 18 世纪的地质学家们干的事。"200 多年来，收集化石的方法并没有多少变化。现在有了一些更有利的工具，把大块岩石敲开，但是化石学家和骨骼猎人们仍然会带小锤子和凿子出门。在移动骨骼之前，他们仍然使用熟石膏先灌在骨头上。走在海滩边，我想起了安宁穿着格子裙，戴着高帽子，深一脚浅一脚地跨过前滩。

软而灰暗的峭壁是侏罗纪的蓝里亚斯地层组的一部分。一层层像肋骨一样的浅灰色石灰岩与厚厚的灰蓝色页岩交错而成，整体上看，峭壁像一幅粗颗粒的超声图。不同的岩层表明了侏罗纪时期的海洋一会儿是粗糙浑浊的（页岩），一会儿是清晰、温暖、较浅的，里面夹着珊瑚、海百合，还有第一次快步爬过的螃蟹们（石灰岩）。因为最近一次滑坡，一些维多利亚时期的垃圾堆正从悬崖顶上滑到海滩上。在大卵石中，你会十分频繁地发现一些生锈的物品——旧叉子，一截栏杆。这些人造物就像化石一样从岩石中露出。过去的一些片段，变成了现在。

过了一会儿，其他的隐士们从查茅斯方向出现。他们像化石猎人一样缓慢地俯身凝视。远远看去，你会觉得他们喝醉了，或者生病了，从一边蹒跚至另一边，在同一块泥里翻来倒去，很慢很慢。

"找到什么了吗？"我问其中一位。穿着一双黑色 Crocs，戴着一顶破破烂烂黑帽子的人，把拳头打开，给我看他满手的长长箭石——已经绝灭的头足类动物的弹头形状的化石。另外一个人在找粪化石——排泄物变成的化石。他说，莱姆镇最近都采集过量了，越来越难找到好东西。对此，他觉得都怪旅游局和社交媒体。

*

在 19 世纪初做一名女性化石学家就是选择做一名怪胎，奇葩，非常不女人。当时有人描述安宁"表达方式很男性化"[8]。另外一些言论则不屑地说她"身处一间脏脏的小店，和几百份杂乱无序的样品窝在一起，看起来迂腐、拘谨、乖戾、单薄，说起话来尖刻又爱挖苦人。[9]"莱姆镇，潮起潮落，悬崖高耸不稳，十分危险。1833 年，一块很大的岩石崩裂砸死了她的狗，也差点砸到安宁。我们可以想象，在财务需求和对科学的好奇双重驱使下，安宁锲而不舍，攀爬上险峻的石头，困难重重地挖出爬行动物的骨头，非常沉重，又异常脆弱。

除了鱼龙化石，安宁的重大发现还有第一个完整的蛇颈龙（*Plesiosaurus*）化石，一份似鲛目（*Squaloraja*）鱼骨（证实了鲨鱼和鱼之间确实存在的那一环），以及英国第一份会飞的爬行动物翼龙（pterosaurs）化石。她也是粪化石研究的先驱——对古生物学家来说这是一种崭新的又有价值的信息来源。她作为地质学会成员的声望越来越高，其他化石爱好者到莱姆镇拜访她，他们去收集化石，买一些标本。查尔斯·狄更斯（Charles Dickens）特别记录了当时的男性同行对她的敬重，包括理查德·欧文（Richard Owen）（他创造了恐龙类这个词），威廉·巴克兰

（William Buckland）（他记录了第一份恐龙化石），亨利·德拉贝切（英国地质调查局首任局长，而且抛开阶级差异来说，他是安宁的童年老友），以及法国古生物学家居维叶[10]。

就在同时，另外一位拜访莱姆的西尔维斯特夫人（Lady Silvester）在日记里写道："显然，这位贫穷而懵懂的女孩深受上天眷顾。她如此有幸，通过阅读与实践就掌握了那么多知识，足以经常同教授们和其他有才华的男性一起写作和讨论这个主题，而且他们都承认，她对科学的理解比这个国家的其他人都更加深刻。[11]"扎拉斯维奇写道："她不只是一位化石猎人，她对这些生物本身就有热切的法医般的好奇心，在实际的化石解剖结构上，她也有无法辩驳的耀眼才华。[12]"

即便如此，从她那里学习化石的男性们，也从来没有在科学论文中提到过任何安宁对新科学的贡献；安宁自己也没有发表过任何内容，除了一封写给学术杂志的信，讨论鲨鱼化石的种类。她作为化石猎人和收集者的工作，按照当时的传统也没有被记录在展出化石的博物馆的目录上。

"不是说偏向谁，不过安宁女士的工作，只是为战士们提供武器——先是一个鳍状前肢，又来一个下巴，再又一个装满了半消化的鱼的腹部。"狄更斯写道，但没有证据显示安宁对这种情况表示不满[13]。一位年轻的名为安娜·派尼（Anna Piney）的女性，有时会跟安宁一起去挖掘化石，就写到她朋友的沮丧："她说这个世界残酷地利用了她……那些有知识的男人们，榨取她的大脑，用她提供的内容发表了大量的文章，而她自己什么都没有得到。[14]"要是知道如今她的名字比那些男性同行都响亮得多，她可能会有所安慰。

这也不禁让人想到，她会怎么理解当今科学界的女性地位呢。在英国和美国的地球科学从业者中，女性占了大概40%[15]。但是这个数字并没有随着学术界位置的上升而继续保持。有一个常见的比喻如此形容这种情况：在通往教授的路上，有一条管道，女性会不成比例地漏出去。在英国，地球、海洋、环境科学领域的教授中，只有17%是女性[16]，美国大概15%[17]。学术界之外，英国核心的STEM（科学、技术、工程、数学）员工只有24%是女性[18]，美国科学技术类工作者中女性有28%[19]。

"我觉得现在女性面临的挑战是潜意识的偏见。"加州大学的地球动力学家卡洛琳娜·利思高-贝尔泰诺尼告诉我："就是人们并不会公平地对待你，甚至想都不会想到你。"跟水平相当的男同事相比，女性不会有同样的机会——毫无疑问就是这样。开始人们只是不听你讲，但是他们会听男人讲，即便你们讲的是一样的。

科克大学的古生物学家玛丽·麦克纳马拉（Maria McNamara）怀孕的时候，想休产假，一位女同事提醒她："这会毁了你的职业生涯。"她还是休了产假，回去工作的时候还继续哺乳，一天两次。"养小孩这件事，按传统的方法来是最好了，不过人们还是会用异样的眼光看你，"她说，"要是你开会的时候离开了一下，他们都会记下来。"去年她在古生物学会主动发起了一份倡议，给哺乳期的妈妈们提供基金，供开国际会议的时候把家属带去，从而让女性科学家也可以外出开会。

"人们总是用负面的词形容那些成功的女科学家们。"她说，"哦，她是个职业狂人，她非常果决——你从来不会这样形容一个男人。"

"你现在意识到了，你非常愤怒，但是不能被情绪控制。因为这样你就盲目了，会干扰你做科研。当你研究出一个公式或者一段编码，它才不在乎你是男是女。你写论文，论文也不在乎这些。"

*

生物死后，尸体就会崩塌、分解，会被其他的生物或腐烂过程本身撕裂。在极少的情况下，尸体会被化石化，尸体中比较硬的部分，像壳和骨骼就被矿物取代。有机物变成无机物，骨骼变成岩石。

生命只有微乎其微的比例变成化石，概率并不偏向这边。"假设一个物种的平均存活时间是200万~500万年，那么显生宙的5亿年已经见证了10亿种后生动物物种的旅程。这些生物中，只有30万种被描述被命名——少于1‰。"扎拉斯维奇写道。"为什么呢？很多物种都是软体动物，不可能化石化，其他的则太罕见了。大陆上的高地区域可能会被侵蚀，其中生存过的动植物们会消失得无影无踪，而幽深海床上的记录则被这种极小的概率逐渐抹掉了。[20]"

一种生物要变成化石，某一天再被人类发现，必须要有一系列统计学上的不可能事件支撑。生物死亡时身体得完好无损；然后来一场独特事件如异常凶猛的风暴，就会用足够多层的沉积物迅速把尸体覆盖好，这些沉积物还必须会变成石头；沉积物岩石还不能被地球内部的强压和热量挤压变形；它还得一路冒出地面，这样在死后几百上千万年后，它才会重见光明；这个最后的出场还必须发生在化石学家们常常出没的地区，而收集化石这件事在整个人类所在的深时中，只是极窄的一线。

在托马斯·哈代（Thomas Hardy）1873 年的小说《一双蓝蓝的眼睛》（*A Pair of Blue Eyes*）[21] 里，亨利·赖特（Henry Knight），被困在崖壁上，面对一块化石："这是个长了眼睛的生物，尽管它的眼睛已经失去生命，成了石头，但此时还是在盯着他看……在他的视线以内，这是独一无二的、曾经有过生命的东西，它就像自己现在一样，也曾有过一个需要拯救的身躯。[①]"

与个体完全无关的浩渺无垠，会对人产生一种碾压性的冲击，思考深时则意味着可以与之周旋。化石带来的是另外一种冲击，微小而个体的那种。一只小小生物的故事就像"也有需要拯救的身躯"的我们自己。在深时中，我们曾存在过，化石是最直接的、最容易唤起情感的证据。那些必然是由岩石雕琢出形态的旧时风景里，化石是最能直接触碰到你的感官的。它可以被检验，被体验。

小时候，大人带我去多赛特海岸附近的基默里奇湾找化石，我记得高耸而摇晃的悬崖是如何震慑着海滩，我是如何在页岩里找到一块菊石的；还有，如何先把它放下，分心去玩了一会别的东西，然后再没有找回来过。后来，父母在本地礼品店给我买了一块化石壳。我仍然留着它，但是我记得，从店里买的和自己找到且从海滩和波浪的遗忘中把它亲手救出的，是不一样的。

在莱姆的海滩散步时，我找到了自己的第二块化石。在一堆乱七八糟的卵石和参差不齐的破裂石块中，菊石的形状突然跳出：那是一个整体的形状，线条精准，明显是演化而不是熵的产物。

菊石（名字来自埃及的亚门神，被描绘成有卷曲的羊角）曾是头足类动物，像活着的鹦鹉螺一样的海洋生物。外壳通常是卷成一个圆，被分成由隔膜隔开的一个个腔。作为一个种，它们相当具有实验性，在形状和尺寸方面变得很快，非常多样。从直径 20 毫米到 2 米，有些壳直又薄，有一些发展出了尖刺或有褶的

[①] 摘自译林出版社 1994 年版本，严维明、祁寿华译。

隔膜。它们演化得太快，每一种菊石的生命期相对短暂，于是对地层学家来说是非常好的标志化石。回到深时，人们用菊石类作为标记，用以区分小于 20 万年的地质时间区间。

在一个石头池边，我跪下来洗掉菊石上的沙砾。我看到它壳最中间的环，还有 1/4 的外缘。它完整的时候，直径应该有大概 30 厘米。这块化石中，取代了壳的矿物是黄铁矿，外边缘是抛光的金色。看起来像是人造品。要是从人类角度看，这个物品并不是为了供人欣赏而被人构想、制造出来的，这很不可思议。

*

刚到下午，阳光很暖，海滩上热闹起来。一位爸爸和小孩轮流用锤子砸一块深灰色卵石里面的菊石。一对中年夫妇在手上和膝盖上的鹅卵石中翻捡，我路过的时候他们抬起头来。"这会上瘾的。"女人说。一个戴着欧洲联盟棒球帽的男人，拍下了我的金化石，给他太太看。

一个教育性慈善机构——查茅斯自然遗产海岸，在离莱姆海岸大概 1 英里远的一座废气的混凝土广场里驻扎下来。当值的管理员丹·布朗利（Dan Brownley）曾是一位产品和平面设计老师，他从诺丁汉郡到了达格南又来到这里。布朗利还是一位化石标本制作员。

他小时候就会从老矿头的石板里找化石蕨（fossil ferns）。20 岁出头的时候，一位朋友的爸爸开了一家画廊和化石工作坊，布朗利有时会溜进去抽烟，因为他们有个排气扇。"我看着他干活，受到了巨大冲击。我眼看着一块岩石在一周之后变成了一只坐在那的螃蟹。"最后他就问，他能不能也学习标本制作。

我们前面的桌子上是他正在做的一批标本。通常，他会把化石固定在找到时的岩石里。一块光滑的卵型的石头被挖空，石头的弧线，跟中间杯状的黄褐色鹦鹉螺的弧线相对应。旁边，3 块珍珠样的菊石仿佛从浅灰色的石灰岩背景中游过。

如今的制备工具，比安宁的好得多——主要是含有压缩空气的笔，用来移除化石周围的岩石——但是基本技巧还是一样的，即非比寻常的耐心和钢铁般的意志。

一般来说，人们最开始只能看到一小块化石碎片，有可能是菊石壳的脊线，或者灰色岩石上有涂鸦似的白水晶般的方解石，这意味着里面埋了一块化石。标本制作员需要选择从哪里破开，从哪里挖出，在不破坏它的情况下把它取出。标本制作员握着玻璃刀，一刀切错就毁了价值几千元的材料。在他的 YouTube 频道——化石学院中，布朗利穿着 V 领的 T 恤和蓝色围裙，教大家怎么制作标本。他说:"制备过程急不来。"在一个视频里，他花了 4 小时用笔一层一层剥开岩石（用延时镜头），慢慢地免得伤到化石，但此时还并不知道里面到底有没有一块真的好标本。

"要理解这个准备阶段，可以想象有一位在福特发动机上工作了一辈子的机械工。"他说，"然后我们用混凝土浇灌一个福特发动机，把它全部裹好，然后用锤子砸一下这个混凝土块，会露出引擎的一小块。要是你和我看到这一小块的话，我们不知道自己在看什么，但如果是那个机械工，他就可以据此看出其他所有的部分都在哪里。准备标本就像这样，你就得知道后续的一切步骤是什么样的。"

他说我的那块化石不值得做标本。黄铁矿，看起来是很华丽，但不稳定。不知道什么时候就会被氧化、然后锈掉，最后会变成一把粉末状的碎片。

*

终其一生，安宁都难逃八卦和谣言。有一个经常被讲起但从没有被证实的故事，就是在她大概 21 岁的时候，成了一位伯奇上校（Colonel Birch）的情人，那是一位年龄是她两倍的化石爱好者。1840 年，莱姆镇又有传闻说，安宁开始酗酒吃鸦片了。这次是真的。为了减轻乳腺癌的痛苦，她两种都用。最后还是在 49 岁时死于这种癌症。

她得到了地质学界的尊重，在过世前，她享有一份由科学家和政府筹集的特别养老金，这是对她工作的认可。虽然她不是，作为一名女性也不能成为地质学会的一员，但他们的季刊登出了由贝切撰写的讣告[22]。为了纪念她，巴克兰和其他人在莱姆的教区教堂里订了一块彩色玻璃，献给安宁。（虽然这和化石无关，但对于一位维多利亚时期的女性来说，六项肉身的慈悲善工的纪念方式更为适当。）

19 世纪晚期和 20 世纪早期，人们对安宁的兴趣减退了。她的档案——信件、笔记、祈祷书等——最后都存在自然历史博物馆里，很多资料最后要么被送走要么就被毁掉了。"这份档案最多也'仅仅'被视为'求知'的纪念品,而不是科学史上重要人物的资料库,所以仍然需要大量的详细调查。"历史学家休·托伦斯(Hugh Torrens)写道,"我找到的最辛酸的一份文件,是1935年寄给多塞特郡博物馆的、跟她的剪贴簿放在一起的一封信。这是一封大英博物馆早期的回绝信,信中表示这册文件对他们'没有重要价值',这导致了安宁的档案如此分散,这么多材料都'缺失'了[23],我真希望能对这里'重要价值'的判断提出质疑。"

这里我们就能看出历史的选择性力量有多大的作用了。历史记录是相当不完备的,就像化石虽然告诉了我们曾经的地球居民如何生活,但也只是一部分、不完全清晰的证据。因此,很少有人提到安宁的个人影响,很少听到她自己的声音。她所属阶层的女性,也不太可能有时间,也没人鼓励她们去写大量的日记或回忆录。"我们对她的私人生活所知甚少,人们可以选择做更多研究来填补这个空洞,或者把这个空缺当成一个平台来讨论别的事——比如同性恋爱——在维多利亚时期可能发生,也可能没发生过。"马尼福德说。

长久以来,安宁的故事就算被讲述,也只是集中在她童年时的发现,而不是她成年后那些重要的实际成就,而且她的故事也经常被包装成儿童励志故事。但最近这些年,她的传奇被重新提起,她成为女性科学家的先驱。小说里也曾有过她的故事和形象——最著名的就是特蕾西·雪佛兰(Tracy Chevalier)2009年的小说《与化石打交道的女孩》(*Remarkable Creatures*)。还有一部电影——《玛丽·安宁和恐龙猎人》(*Mary Anning and the Dinosaur Hunters*),由莎伦·希恩(Sharon Sheehan)编剧和导演——承诺说是一部传统的传记片,目前还在等待发行①。在伦敦,她的画像被挂在地质学会的总部,而在莱姆镇当地,游客们在教堂墓地里她的墓前留下贝壳和化石[24]。

我猜测安宁也不会被最近的盛名所困扰,她自己的人生也有过光辉时刻。1844年的一天,萨克森国王(king of Saxony)到访了她的店。国王的公使记录了当时的场景:

---

① 该片已于2021年9月在英国发行。

我们从马车上下来……偶遇到一间小店，窗边陈列着最神奇的化石遗骸……我们走进去，发现这家小店及其相连的小厅里全部塞满了海岸上来的化石制品……无论如何，我迫切地想记下地址，店主是位女性——一位将一生贡献给科学的女性——用一双结实的手，在我的笔记本上写下她的名字：玛丽·安宁，把本子还给我的时候，她又说：“我在整个欧洲都很有名。[25]”

2010 年 5 月的一个晚上，泥盆纪植物专家克里斯·贝里（Chris Berry）接到了纽约州立大学宾汉姆顿分校同事的电话。威廉·斯泰因（William Stein）说："想看森林的话，就快来吧。"一两周后，贝里从卡迪夫大学的改卷工作中逃出来，坐上红眼航班前往多伦多，然后继续换乘，飞去阿尔巴尼，再驱车 60 公里去往斯科哈里水库附近一个重新开放的采石场——就在纽约斯科哈里县基利波小镇东边。

那里的工人们在建一座新水坝，他们挖掘出了让人震惊的东西：世界上已知的最古老的森林的化石遗迹[1]。水坝修建暂时停工，科学家们开始入场，但也只是暂缓施工。一两周之后，森林就会被再次覆盖。

*

那些术业有专攻的人让我深深着迷。他们想得深而不是广，他们能通过烘焙、汽车引擎这种日常棱镜了解世界。到底是什么引导人们精通于某一个领域，而不是别的领域呢？是命运的随机，实用主义或浪漫主义冲动，还是那些已有的经验？为什么一位医生选择专攻肝脏、心脏或者结肠？为什么一位地质学家埋首于寒武纪、二叠纪或者三叠纪？

贝里是在大学的时候被泥盆纪吸引的。他本来在学习更热门的"寒武纪大爆发"——5.4 亿年前，化石里突然出现了几乎所有主要的动物躯体模式。"我看了看泥盆纪，意识到泥盆纪也有一次大爆发，是植物大爆发。然后又意识到，它对那个世界是什么样的，是如何从只有简单植物长成巨大森林的，我们一无所知。"

这个星球就是从泥盆纪开始，依稀有了现在的模样。就在那时，大量的植物，然后是动物，从水里爬到陆地上来。经年的裸岩开始披上绿色，早已消亡的沼泽和海岸线的软泥中印上了第一个足迹。1839 年，英国地质学家亚当·塞奇威克（Adam Sedgwick）和罗里·穆奇森（Rory Murchison）正式以英格兰西北德文郡为泥盆纪命名。泥盆纪跨越 4.19 亿~3.59 亿年，结束之后又过了 1 亿年，才出现了第一群恐龙。其最有名的岩系是老红砂岩（一组并不总是红色也不总是砂岩的怪异岩石），它们形成几亿年后，被挖起来建造了赫里福德大教堂、西卡角的圣海伦堂，还有丁登寺。

剑桥大学的古脊椎动物学荣休教授、泥盆纪四足类专家珍妮弗·克拉克（Jennifer Clack）告诉我："我对泥盆纪的兴趣是被儿童百科全书点燃的——亚瑟·米（Arthur Mee）的插图百科全书，这套书有专门讲最早的化石记录，吸引我的总是早期的章节。到了恐龙那里，就会很无聊了，因为一切都发生了，对吧？"恐龙世界我们相对都熟悉了，有树木、植被、花朵。那些看得见身体剖面的陆生哺乳动物和爬行动物，跟现在看到的差不多。但泥盆纪完全不一样。克拉克看到了不认识的、耷拉着的植物就生长在潮湿松软的池塘里，像鱼一样的奇怪生物把自己从水池里和河流里拖上岸。"我记得一边一页页地翻书，一边听着肖斯塔科维奇（Shostakovich）的第五号交响乐的缓慢节奏，你也可以试试，会发现这首音乐跟图片完美契合。两者加起来就是我对泥盆纪的想象。"

*

琳达·瓦纳勒·埃尔尼克（Linda VanAller Hernick）在《基利波化石》（*The Giboa Fossil*）中写道："植物登上陆地定居，是一系列事件的结果，这些事件差不多跟生命出现本身一样奇特。[2]"

早期的地球是一片荒漠，岩石暴露在空中，广漠空荡的沙漠延伸到海边。没有植物腐烂、没有活跃的细菌，也就形成不了有机质丰富的土壤。没有植物根系的固定，雨水一降，土壤就被冲走。在干旱之地几乎不存在生命，只在丰饶海洋中才有。

埃尔尼克说："我们相信，海滨上的第一种'植被'，是一种蓝藻细菌形成的泡沫，以及特定种类的丝状绿藻，它们也滋润了近海滨的地表。[3]"这便是爬上陆地定居的开始。4.5 亿年前，跟现在的苔藓类相当的植物，在潮湿区域，长成了一个垫子一样的低矮地被——有点像桌球台上的那种粗毛呢。接着出现了固氮植物和微型腐生生物，它们把死掉的有机质分解，产生了地球上第一块氮含量高的腐殖质土。我们知道，在志留纪（4.44 亿～4.19 亿年前）有很多蜈蚣，还有一种植物叫顶囊蕨（*Cooksonia*）[4]。虽然只有一两厘米高，但这是已知最早的陆生维管植物，意思是，它们产生了关键性的木质部一样的组织，可以把水分传输至整个身体，还能保持硬度以及结构的完整性。有了这种好用的维管束，植物们就可以继续长高，也可以不受限于潮湿环境和雨季，并争相扩展地盘。

"然后，'咻'的一下，植物长得越来越高，"约翰·马歇尔，南安普顿的泥盆纪专家告诉我。"泥盆纪刚开始时才几厘米，3000 万年后它就 10 米高了。这简直是爆炸。"

也许只有习惯了深时的人会把 3000 年的过渡期称为"爆炸"，但毫无疑问，植物要是没有发展出这种迁徙之道，克服从水到土的重重困难，那么这些生物——用两条腿走来走去，还问自己："我们从哪来？我们为什么在这里？我们的世界是怎么开始的？"——就不会有现在的家园了。

*

这个世界上大概也就十多个人专门研究泥盆纪植物群，贝里就是其中之一。卡迪夫大学里的实验室被他称为"全国泥盆纪树化石最佳收藏处"。他个子高，宽肩，略有点乱，办公室电脑旁悄然放着一棵微型圣诞树。"这是一棵诺福克岛松，"他说，"跟 2 亿年前的智利南洋杉（Monkey Puzzle）很近，从古植物学上说是很有趣的。"

在书架和成堆的文稿中间，是色彩明亮的黏土罐，他用黏土来做植物模型。不像恐龙骨头那种，植物化石极少能立体保存。通常它们只是一些纤巧的黑色线条，就是碳被压扁进一块岩石里，而且不可能从基质里取出来。"你得在大脑里把它们释放，把它们立起来。"贝里解释说。制作三维的黏土模型就是在脑子里过一遍"取出"过程。

"宏观古植物学是异常缓慢而艰苦的工作，得花费数年来重建一棵树，因为它们巨大，而且早就分崩离析了。"马歇尔说。由于没有壳或者骨骼，树木比其他生物体更少保存在化石里，即便有化石，通常也是没有关联的碎片——这里一条树枝，那里一点树根、树干，也完全不知道怎么拼起来。"很多人尝试重建早期的树，"贝里写道，"它们可能被描述成'充满希望的怪兽'，不是因为它们的演化地位，只是因为就是幻想——乐观地构思着，把根本不相连的植物器官连接在一起，组成外表离奇的、只存在于古植物学家脑袋里的植物。⁵"

23 岁时，贝里花了一年时间在比利时列日，跟著名的古植物学家穆里尔·费龙 - 德马雷（Muriel Fairon-Demaret）学习，观察和检测一种神秘的泥盆纪植物枝蕨（cladoxylopsids）的几百个碎片。跟在基利波发现的植物一样，枝蕨现在被认为是地球上第一株真正的树。植物化石是如此精细脆弱，古植物学们显然是不能用电钻的，贝里得从皮革加工专家那里借来三棱针，小心翼翼地用手把碎片挑出来——这就是接下来 30 年研究的开端。贝里在石头中、博物馆里追寻着枝蕨，尝试解开它们如何成长、为什么长成这样的谜。

已经重建完成并发表在论文里的图，就钉在他办公室的墙上。有个学生过来收文章，他跟学生聊天的时候，我就站在那里看着他们。当看到枝蕨属的一种 *Calamophyton primaevum* 的重建图，你的大脑会知道那是树——但也不全是。大概类似 17 世纪的欧洲人达到太平洋，第一次看到棕榈树，或者 18 世纪的波利西尼亚人看到第一颗英国橡树时的那种感受吧。

Calamophyton primaevum 乍一看去又熟悉又陌生。从肿胀的球根那里分出细长的枝干大部分覆盖着像小棘突一样的东西，这就是树枝生长和掉落的那个分界点。长出的枝干都在顶上汇集，看起来像棕榈树一样，也有形容它是一根芹菜的样子。每一枝上，没有叶子，而是再分成五到六个更小的枝，像手臂末端的手指。⁶

打开一个老式的木质收藏柜，贝里拿出扁平的、大餐盘尺寸的盘状枝蕨化石。"我第一次看到这个的时候，"他说，"脑袋里'轰'的一下。"

化石是一块玻璃状的浅灰色圆盘，大概厚 2 厘米，直径 70 厘米。圆盘边上的厚厚条带上点缀着大大小小的黑色卵形，就像美洲豹的花纹。我盯着它，心想，这块化石很不错；同时知道我对它的欣赏完全比不上展示者的热情，不由心生一丝怯意。我嘟囔了几句"看起来很不错"的话。

贝里给我解释说："这里是枝蕨树干的横截面，完美地保存在火山爆发中的硅里。"玻璃样的二氧化硅里面填满了植物细胞，但是没有伤到细胞壁：每一个细节都很清晰，仿佛贝里亲身穿越回泥盆纪，亲自砍倒了树，亲手切下了这块树干。有了这块化石，他能第一次看清楚地球上最古老之树的光怪陆离的内部[7]。

我问贝里："一个人在他的领域成功的秘诀是什么？"他说："是已知和运气的结合。"化石就是运气。它从中国西北新疆的沙漠里远道而来。如果不是他的多年好友，中国科学院南京地质古生物研究所的古生物学家徐洪河的关系，贝里应该没有机会研究这块化石。这块化石来自一个新疆穆斯林少数民族再教育学校。

贝里和徐洪河研究员把这棵树命名为 *Xinicaulis lignescens*[8]（徐洪河老师建议中文名为"木本新疆茎"，以下均使用该名），"xin"是汉语里"新"的意思（也含有新疆的意思），"caulis"是拉丁语"茎、干"的意思，lignescence 是"木质化"的意思。给生物命名，贝里沉思着说："听起来很光鲜有魅力，其实非常枯燥。得努力想出那种意义重大，好听，而且没人用过的名字。"以自己名字命名一种植物和恐龙显得不太礼貌。以你的情侣命名显然也不太好，会有不好的兆头。不过用同事的名字命名是可以的。他们的命名 *Xinicaulis lignescens* 就出乎研究者的意料，因为名字的意思是这块化石呈现一种"变成植物的全新方式"。

一棵树只能长那么高，树干就要朝侧面生长，不然会自己断裂或者倒塌。现在的树木自身解决问题的方式是，既向上长，也向四周长，这样它们还会产生年轮，一圈圈在树干里慢慢地生长开去。早期的树，像古羊齿类（*Archaeopteris*），也使用这种策略。但木本新疆茎使用的方式完全不一样也更为复杂。

在显微镜下，你能看到树干里每一个黑色的卵形都由很多小小的同心圆组成。跟现代的树不一样，木本新疆茎是在每一个独立的枝上长出木质的部分，每一枝都像一棵独立的小树，然后由一个个相互连接的错综复杂的木质网络交织在一起。每一棵独立的小树之间的空隙里是软组织，树干里面大部分都是完全空的。这样最后形成的结构就像一个木头的埃菲尔铁塔。

树要向外延展，里面相互连接的木质组织就会随着树的长大慢慢撕裂开。但为了保持整体结构仍然健全合理，撕裂开的伤口需要同时被修复。这意味着木本新疆茎处于一个持续可控的内部崩溃状态。贝里摇着头说："这简直是彻底疯了。

现如今没有任何一种树有这么复杂的生长方式。可能是最开始缺乏竞争才会这样吧。"他猜测[9]。

*

至少在 1871 年后，人们就知道了基利波镇的化石树（一个单独标本，不是一片森林）。《地质学会季刊》上发表了一篇文章[10]，描述在砂岩里发现的一棵化石树的树桩。这是北美洲发现的第一棵有记录的化石树。

1848 年，这个小镇以基利波山命名——人们可能会觉得不吉利——在圣经里，基利波位于以色列，就是扫罗的儿子们被非利士人所杀，扫罗随即自尽的那个地方。1917 年，为了建造纽约的水库，需要在当地一条小溪上筑坝，基利波就被整体迁移到了现在的地方。在水坝的采石过程中，人们挖出了越来越多的化石桩，有的周长达 3 米之长，基地上闪耀而出的仿佛是一只被截断的象脚。纽约的州古生物学家威妮弗雷德·戈德林（Winifred Goldring）自 1921 年起就一直在这个场地工作，她挖出了这些早期树木的第一个也是最大的连体化石（coherent body）。到了 1926 年，采石场用造大坝产生的废物回填。那些被救出的化石，最后进入了不同的博物馆，偶尔还去了当地人家的花园[11]。

基利波森林的故事可能就此结束。但到了 2009 年，美国东海岸遭遇暴风和洪水，大坝有一些活动迹象，当地政府决定要重建。首先就是要为卡车修筑路基，这需要很多材料，所以老的采石场又被挖开，之前回填的材料再次被移走。

纽约州立博物馆的斯泰因（Stein）和弗兰克·曼诺里尼（Frank Mannolini）被派来监督采石场的工作。最开始，他们把工作集中在采石场底部 3.5 米的一块区域，就是之前树桩被发现的地方。但他们注意到地面还有一些奇怪的土堆，每一块中间都有一块凹槽。

贝里解释说，这是一个正在使用的采石场，到处乱七八糟，所以戈德林在那时候根本没有看到过底部，或者只看到一点点儿。这是未知之地。斯泰因和弗兰克·曼诺里尼越来越激动，每一个土堆里，都是一颗泥盆纪的树。事实上，他们面前呈现的是前所未见的泥盆纪森林地图。

*

贝里倒着时差，蹒跚着爬到采石场地的时候，1200 平方米大的区域已经被水浇灌透彻，露出了里面的裸岩。此前，泥盆纪景观的插画和博物馆实景模型会把树和其他植物描绘成单独的标本，就在贝里所说的"泥盆纪植物园"里。现在的科学家看到了早期森林生态系统的第一个直接证据[12]。

"你花了 20 年，想弄清楚这些树到底是什么，然后在一个糟透了的航程之后，早上第一件事就是走进采石场，我记得我盘叉着腿坐在那里，观望四周，感觉非凡无比。"贝里说，"它们现在不仅只存在于我的头脑中。我第一次亲身体会到了古老的环境。"

他坐在那里，就像古老的泥盆纪森林在他周围开始呼吸，鲜活起来。一个温暖的热带环境，可能是一个浅河口边上，要是一个人来旅行的话，这是一个寂静得让人发毛的地方。泥盆纪没有鸟鸣，没有动物穿过灌木丛，只有树冠上风簌簌作响，树枝哗哗啦啦，还有鱼跃上水面溅起水声，油质水面上扩散出一圈圈涟漪。细长树干紧紧裹在一起的枝蕨有 8~12 米高，会在最顶上突然长出带褶边的枝，并充满细小叶片状的花丝，仿佛簇簇羽毛开放在树顶——特拉法加广场① 那么大的地方就有 900~2100 棵枝蕨[13]。在枝蕨之间，一种前裸子植物 *aneurophytalean progymnosperms* 的木质茎或者根状茎爬出森林地面。它们甚至厚达 15 厘米，长达 4 米，像蛇一样蜿蜒盘绕着直立的树干[14]。

根据研究成果，贝里和同事们绘制了一幅泥盆纪基利波的地图，描绘出了这些森林如何以神奇之技颠覆泥盆纪，让坐在家里的你也有机会一睹地球上第一批森林的风采。2020 年，贝里发表论文，介绍了在基利波以东 40 公里，靠近开罗镇的砂岩采石场里，发现了世界上第二古老的森林。这片森林大概生长在 3.86 亿年前，比已知最古老的基利波还要古老二三百万年[15]。

"新森林最重要的事就是改变地球的土壤。"马歇尔告诉我。树根碾碎岩石，释放出矿物与养分，形成了更肥沃更稳定的土壤，促进更多植物生长，减缓了侵

---

① 位于伦敦市中心，是为了纪念 1805 年的特拉法加海战而建的广场。立有海战中牺牲的纳尔逊将军的纪念柱，是伦敦著名景点，面积约为 12 000 平方米。

蚀速度，重塑了陆地的形态。茂盛蓬勃的树木深刻地改变了水循环（减少了径流，增加了降水）。它们把二氧化碳从空气中移出，有一些研究者宣称这导致了古生代二氧化碳水平下降了90%，最终触发了全球变冷，以及贝里所说的"森林地球的第一个冰期"[16]。

新的养分充足的土壤又被冲进海洋，海藻大量繁殖，耗尽了水中的氧气。其他研究者推测，这甚至可能导致泥盆纪末期成群的灭绝事件[17]。当然正是古树——煤，生长在几百万年后的石炭纪的古树的遗骸——被煤炭工人会挖出，为英国、整个欧洲、美国的工业革命提供燃料，并一发不可收拾地导致了21世纪的气候危机。

这都是后来的事了。最开始，这个新世界生机盎然：破土而出，肆意生长，一片绿意。蜈蚣、蜘蛛、巨大的多足类都从枝蕨上掉下，堆在森林地面。

那时地球和月亮的距离只有现在的一半，夜晚，更大、更明亮的月亮洒下轻拂一切的金光，照耀着树枝，掠过沼泽里冒出的懒懒的泡，抚过黑暗平缓的浅河口；河口处，长着扁头和鳄鱼鼻的、像鱼一样的生物，用鳍片划动向前，穿过沙滩、泥浆和芦苇。

这种生物此前从没有爬上过干燥的陆地，但很快，它会追随植物的旅程，用自己的方式爬到水边。假以时日，鳍片变成四肢，第一种陆地动物出现了。

在天气无常的 11 月，满街泥泞，就像洪水刚从大地上退去，如果这时候遇到一条四十来英尺长的斑龙，像一只庞大的蜥蜴似的摇摇摆摆爬上荷尔蓬山，也不足为奇。

——查尔斯·狄更斯《荒凉山庄》①

　　春日午后，一群哺乳类动物，看了《侏罗纪公园》后兴起灵感，穿着爬行类动物的服装去打保龄球。我们其实是在庆祝一个即将举行的婚礼。新郎头上戴着天鹅般柔软的绿色大头，还有同样柔软的巨大爪状的手套。穿着紧身衣的性感恐龙，脖子上是纸板做的褶边。还有尾巴长得控制不住，不断把饮料从桌面扫下来的恐龙。我也参加了，穿着有丛林叶子的连身衣，戴着塑料玩具恐龙做的项链。这是我参加的第二个恐龙主题的婚礼了。要是把哥斯拉也算上，就是第三次了。

　　电影《侏罗纪公园》于 1993 年上映。这部电影非常成功，可以说它凭一己之力让古生物学一朝翻身。俄克拉荷马州西南大学的一位教授，古生物学家约瑟夫·弗雷德里克森（Joseph Frederickson）在最近的美国国家公共电台的采访里说："侏罗纪世代是 100% 存在的。我有同事——很多同事，他们在侏罗纪电影上映时都是小孩。我毫不怀疑，他们跟我一样是被电影打动，而且还能回忆起那个人生改变的契机，那一刻他们决定踏入古生物学的大门[1]。"那是一部洋溢着深情的电影，饱含对古生物学惆怅又深切的拳拳之心。干巴巴的骨头重新披上血与肉，六尺之下的死者又开始走路。

　　聊到恐龙时，我遇到的科学家、艺术家、博物馆管理员会分成两个阵营。一

---

① 摘自上海译文出版社 1979 年版本，黄邦杰等译。

个是超级粉丝，自童年时代就被点燃热情，对恐龙一直情有独钟。另一类，聊到电影热潮则会有点尴尬。"吸引我的还是科学，"一位古生物学家强调，"恐龙只是我做研究的对象。"布里斯托大学的古生物学界雅各布·温瑟尔（Jakob Vinther）担忧道，"有时候，我都对研究恐龙感觉有点儿内疚，因为恐龙对有些人来说就是鸦片。福克斯新闻喜欢报道恐龙，哪怕从再严肃的议题中，你都能找出一些关于恐龙的蠢话，它贬低了整个新闻的价值。我的意思是，这项工作很酷，但是全凭兴趣来研究恐龙的科学家也多过头了。"他主要研究的是史前无脊椎动物，最近他的研究组发现了软体动物先祖。"我们可以告诉你所有软体动物的祖先长什么样，但这连新闻都算不上。"他有点不解地说，"记者们的反应是那种，啊，不了，我们想写的是恐龙，恐龙好玩。"

*

因为恐龙好玩，我跟我哥哥、嫂子，还有 7 岁和 5 岁的侄子一起去了伦敦自然历史博物馆。下雨天的周六，博物馆里全是小孩和家长，很多都是直奔一楼光影昏暗的恐龙馆。那些没有眼睛的大骨架们在微暗中屹立。

6600 万年前就灭绝了的非鸟类恐龙，如今却到处都是。大家都对它们太熟悉了，你都不用实际看到它就能"看到"它。也很难想象，当人们第一次把它们挖出来的时候，这种巨兽有多么让人惊异和敬畏。我面前是一个标本。6800 万年前，它死于泥中，骨骼慢慢石化。之后有人把它们从地下拔出，如今它展览在光线迷蒙的博物馆里。骨架上有拳头大的眼窝，两排锯齿状的牙，一个弯曲的灰色胸腔，两只抓紧的手。

不过，厚厚的下颚跟手搭在一起看起来很不协调，手看起来特别眼熟，几乎很家常——我忍不住想，这几乎很人类。我们与恐龙有着差不多的基础身体构造，从骨架中仍然可以看出我们共同的远古祖先。跟它们一样——这大概是我们如此热衷的根本原因——我们站在食物链顶端。跟它们一样，我们的生存最终依赖于不为人类左右的自然之力。

小时候我喜欢去伦敦南部的水晶宫公园看维多利亚恐龙雕像，它大得惊人，长得奇特，但是却很安全。它站在公园人工湖中心的岛上，无论从时间还是空间上都够不着。通常来说，一个小孩第一次遇到恐龙，他也第一次触碰到了深时的广阔。最后一种非鸟恐龙在6600万年前灭绝了。作为一个物种，它们的存在超过了1.5亿年 [2]。我们自己——智人，到目前为止只存在了250万年，现代人类则少于20万年。恐龙个体的生命期限，跟人相比是很短，但作为一个物种，它们可是无比长寿了。换句话说，在剑龙消失7700万年后，雷克斯霸王龙（生活在6800万 ~ 6600万年前）都还没有入场，也就是说，雷克斯霸王龙离我们比离剑龙还近。

我的两个侄子都喜欢恐龙，小一点儿的侄子是真正狂热的拥趸。他现在拥有100多只塑料恐龙，从小的有身体细节结构的Papo[①]模型，到 Toys "R" Us[②] 商店买回来的大个儿橡胶雷克斯霸王龙。刚2岁，他就有点意识到，塑料恐龙代表了那些曾经鲜活过，但早已从地球表面永久消失了的生物。这种认识对他似乎没有什么影响。不过他是一个求真求实类型的人：即使想在他的恐龙游戏里来点拟人都会被他坚决纠正。

"恐龙不会说话。"他再一次耐心地解释到。

"那它们能干什么呢？"我问。

"这个是植食型的，它们去这边，那个是肉食类的，它们去那边。"

"然后呢？"

"然后那些把这些杀死了。"

孩子们常去博物馆，自信地带着我们穿过展览的迷宫。骨骼藏品从黑暗中跳出。可怕的角，握紧的爪子。厚甲龙！副栉龙！他们喊出来。和我遇到的其他小学或学龄前爱好者一样，他们能叫出长串的拉丁名。小的那个，长着胖乎乎的粉圆脸，笑起来又甜，但偏好更暴力倾向的模型："你知道吗，三角龙能从雷克斯霸王龙的大腿骨那里捅下去，这样就可以杀死对方。"他赞许似地告诉我。

在恐龙馆外面的礼品店里，全是给孩子们的恐龙主题的毛绒玩具。21世纪，你可以猜测一个小孩想要或者需要的任何东西，要么就是恐龙形状，要么就是

---

① 一家著名的制造动物模型的法国公司，恐龙模型种类齐全，制作精美。

② 玩具反斗城，著名的儿童玩具和婴幼儿用品零售商。创始于美国，后来开遍全球，中国也有多家分店。

印着恐龙图案。谷歌购物的第一页，就是一个翼手龙灯罩，一条恐龙手链，一个挖恐龙玩具盒。书也是。恐龙主题的书包括《恐龙便出一个地球》(*Pooped a Planet*)《狂爱恐龙！》(*Mad About Dinosaurs*)《救命啊，我的恐龙迷路啦》(*Help, My Dinosaurs Are Lost in the City*)，还有《恐龙如厕训练书》(*The Dinosaur Potty Training Book*)。

"事实是，你可以既巨大又恐怖，这很重要，"儿童心理学家拉维恩·安特罗伯斯（Laverne Antrobus）告诉我，"学会生命的有限，学会害怕，所有这些都可以通过玩恐龙来探索。"想象恐龙会有一种真实的颤抖，不像想象一条神话中的恶龙，而且恐龙毕竟已经死了，都过去了，没有威胁。恐龙不可能伤害你。"你在跟恐惧玩耍，恐龙激发了想象，孩子们能利用危险中好玩的元素来认知世界。"比如我的小侄子，知道恐龙很可怕，但是除了《侏罗纪公园》电影里那些真正可怕的场景外，他并不真的害怕恐龙。恐龙不会像某种床底下的怪兽那样引起夜惊。

重要的是，安特罗伯斯认为，这跟恐龙本身关系不大，而是跟知识获取方式有关。"这种知识通常会让你觉得自己大步踏入了成人世界。你已经记得了所有恐龙的名字，可以一口气流畅说出，你会得到成年人的欢呼，尤其是你的父母，我猜他们可能已经要考虑你的学术能力，你的专业技能，毕竟你还不会拼音就会说支气管之类的词，这也太不可思议了。这能给人真正的信心。我认为这大概也是小孩学会的第一个知识技能包。"

重要的是，他们发现自己能学习一种特定的信息，而且还能掌握它，越学越好，他们会觉得很过瘾。"你开始把所学糅合在一起，开始从不同的角度思考你到底会什么。这是连锁反应：从名字开始，然后是它们长什么样，它们吃什么，它们是不是处得来。"观察着孩子们的大人会觉得这很奇妙，我们表扬小孩，也强化了他们这种不仅能做好而且还很有特点的美好印象。

有些小孩会变成古生物学家，或者终生的寻石爱好者，但对很多人来说，这种专注的兴趣期会在 8 岁左右，也可能更早一点儿的时候开始降温。在学校，他们可能遇到其他的恐龙狂热者，然后他们发现自己知道的也没有什么特别之处，然后失去了兴趣。或者他们凭直觉知道上学需要学习不同的、更广泛的技能。大人们赞扬和关注的，不再是你可以引用早白垩纪的动物名字，而是交朋友、学好数学、学会拼写、参加运动会，还有合唱团和戏剧活动。

博物馆里，5 岁的小孩好像发现了什么。恐爪龙！看后面！海伦！恐爪龙！

我后面是两个和真实生物一样大的动画恐龙，长满了羽毛。其中一只张着血盆大口。我们看了一会，我问他为什么这么喜欢恐龙，他想了一会。"我喜欢，因为它们又大又可怕，颜色很多，而且每一个都不同！"

过了一会儿我路过一块玻璃和木橱柜，里面有两颗太妃糖颜色的牙齿，还有看起来像犀牛角，但其实是拆下来的拇指。这些化石是医生和博物学家基甸·曼特尔（Gideon Mantell）1822 年发现的 [3]。他认为这是全新的物种，把它们叫作禽龙，意思是"鬣蜥蜴的牙"，因为它们的牙齿很像鬣蜥蜴。1833 年，曼特尔发表文章公布了他称为林龙属（*Hylaeosaurus*）[4] 的生物。8 年后，英国解剖学家理查德·欧文（Richard Owen）研究了这些生物，还有 1824 年巴克兰（最古怪的牛津自然史教授）描绘的叫作斑龙（*Megalosaurus*）的一种恐龙 [5]。欧文注意到，它们有区别于其他爬行动物的都有的髋部特点，而且体型庞大。因此他为恐龙命名的含义就是"可怕的爬行动物"，只是"可怕"其实是想表达"厉害"和"望而生畏"那种意思 [6]。

这种新命名为恐龙的家伙马上就火了起来。欧文成为大英博物馆自然历史收藏的主管。同时他也因科学作假和卑鄙闻名，这多少影响了他作为杰出解剖学家的声誉。有一次，有人指责说，他把别的科学家的工作揽到自己名下（虽然看起来他是很支持这个工作，比如玛丽·安宁的）。尤其是，他和曼特尔长期不和，一些资料显示，他还阻挠曼特尔发表文章。曼特尔自己则疏忽了古生物学研究的医学训练，并因此陷入债务困境。而且曼特尔在克拉芬公园的一次马车事故中严重受伤，开始自己服用鸦片，最后在 1852 年死于服药过量。欧文把他对手的一段脊椎泡在罐子里，陈列于皇家外科医学院的玻璃橱窗。

1881 年，欧文致力于开一家新的自然历史博物馆，并成为首任主管。他不只是"发明"了恐龙，也让大众了解了他的工作，把古生物学推广给了前所未有的广泛人群。1969 年，曼特尔的脊椎被从皇家外科医学院的架子上取下来，销毁了。据称是因为空间不够。

6月，乔尼和我飞往盐湖城，再开车往南，一路经过连锁快餐店和路边商业区。在普罗沃市一个繁忙的十字路口旁的地铁站，我们停了下来，想买杯咖啡。柜台后面的女人们对视了一眼——她们都没有用过咖啡机。普罗沃88%的人是摩门教徒，没什么人点咖啡。之后，看看地图，我看到我们的目的地要一路追溯到犹他州的中心。再东边一点的地方就是我来这里的原因：最新的国家纪念碑——2019年3月签约要建——这里也是世界上恐龙骨架最为密集的发现地。

美国西部就是恐龙之乡。19世纪70年代末，北美成为化石猎集地。在那段有时被称为"恐龙热"，有时又被称为"骨架大战"的时期，恐龙猎人们朝蒙大拿州、怀俄明州和犹他州西去。也在那时，一些最著名的恐龙被发现，其中就有暴龙（*Tyrannosaurus*）、三角龙（*Triceratops*）、梁龙（*Diplodocus*）和剑龙（*Stegosaurus*）。

特别是其中两个人爱德华·科佩（Edward Cope）和奥思尼尔·马什（Othniel Marsh）——竞相挖掘骨架，运回东岸给博物馆和大学，两人共给130多种恐龙命名[7]。他们完全活出了"狂野西部"的架势，被男人间那种激烈竞争所驱使，两边的团队成员会暗中监视对方，炸毁化石骨床不让对方再挖，偶尔还会偷走对方的标本。之后，这两人也竭尽全力在媒体上诋毁对方，说别人不科学、偷窃、拖欠员工工资，导致古生物学的整体经费被地质勘探局停拨了好几年。

跟曼特尔一样，科佩身体的一部分最后也存在博物馆。临终时，他发起挑战：他打赌他的大脑比马什的大。为了证实这一点，他将遗体捐赠给科学，以测量头骨，要求马什死的时候也要这样做。马什没有应这个赌约。科佩的头骨存放在宾州大学考古和人类学博物馆里（现在都叫它宾州博物馆）。不同于曼特尔的是，他的头骨现在还保存在天鹅绒包边的盒子里，像他心爱的恐龙一样被编目、分类。

大众对恐龙的兴趣持续了一阵，但20世纪早期，如达伦·那什（Darren Naish）和保罗·巴雷特（Paul Barrett）指出的那样，恐龙失宠了[8]。那时的普遍看法是"比起恐龙，哺乳类尤其是那些现代的哺乳动物，比如啮齿类和马，更值得研究。恐龙行动迟缓，智力不高，是冷血动物，对我们理解地球整体生命来说，没什么意思，综合来说并不值得我们如此关注。"

在美国，"一战"反对者们创造了一个混凝纸浆做的、着厚厚装甲的剑龙——

意在嘲笑那些选择战争而不是民主的人。如反对者沃尔特·福勒（Walter Fuller）写的："那些怪兽，全身装甲却没有大脑的野兽，没有比'做好充足抗战准备'更理智的生存方式……它们会戴上越来越多的装备，直到最后被自己的笨重拽下，陷入泥沼。9"也有人认为恐龙长得过大，超过了自己能承受的大。商业行话"恐龙"代表了（现在仍然是）一个大到无法与时俱进，最后被更小、更灵活的企业粉碎的那种大企业。在其他地方我们也继续用恐龙来指代那些过时的事物，就像电影《黄金眼》（*GoldenEye*）中，朱迪·丹奇（Judi Dench）饰演的 M 告诉皮尔斯·布鲁斯南（Pierce Brosnan）演的邦德说："他是'一只性感的厌女老恐龙'，是冷战遗迹。"

接下来 30 年或者更久一点，恐龙还是继续出现在婴幼儿的故事和古怪喜剧里，像霍华德·霍克斯（Howard Hawks）可爱的《育婴奇谭》（*Bringing Up Baby*），讲的是倒霉的古生物学家（加里·格兰特扮演的），一只雷龙，一只美洲豹，一位生长在自由自在环境中的女孩（凯瑟琳·赫本）的故事。直到 20 世纪 60 年代，这在严肃的科学群体里都还很风靡，一般大众也很追捧。后来，犹他州的克利夫兰 - 劳埃德恐龙采石场开始像磁铁一样吸引了新一代的研究者。

*

没人知道是谁最先发现了骨床，但古生物学家们从 20 世纪 20 年代就在那挖掘了。"这确实是世界级的场地，"威斯康星奥什科什大学的约瑟夫·彼得森（Joseph Peterson）说，"我从未见过这种奇观。"

从附近的普莱斯镇，先往南 12 英里，再进入一条没有铺面的煤渣道，这条道又在一个布满黄石和灌木丛的半荒地里弯弯绕绕了 13 英里，才到达挖掘场地——离普赖斯越远，离时间越近。从 8000 万年前的白垩纪，到 1.46 亿～1.56 亿年前的侏罗纪莫里森地层组，你能看到风景渐次老去。在侏罗纪时代，克利夫兰 - 劳埃德场地位于一块巨大平缓的平原中间，平原上散布着湖泊，萧条泥泞的河流从地平线和地平线之间蜿蜒——当时情景有点像现代的东非[10]。如今，古生物学家在布满碎石的低矮山坡旁工作。远远的橙色孤峰在热气中闪耀，我们到的那天清早，唯一的声音来自杆子上飘摇的美国国旗，它在热带沙漠风里猎猎而起。人们架起两个瓦楞形屋顶的棚屋来保护挖掘现场。灰色土壤里出现了焦黑的骨头，埋葬已久之物再现人间。

过去 20 年，土地管理局（Bureau of Land Management，BLM）的迈克尔·莱斯金（Michael Leschin）一直在监管着克利夫兰 - 劳埃德采石场。汗津津的奶油色牛仔帽下，灰色卷发扎了起来，他大部分时候都是在游客中心独自工作，要想点办法在不增加预算的条件下来发展和保护这个场地。我们见面时，这个采石场没有得到国家博物馆的资助，莱斯金很怀疑，只有游客的人潮而没有额外的资金汇入，这里十分有限的资源是否更加岌岌可危？

"20 世纪 60 年代，犹他大学的威廉·斯托克斯（William Stokes），开始了目前所称的合作型恐龙挖掘。"斯托克斯明白，这个场地有很多化石，但他没有足够的资金来挖。幸运的是，那时正是"恐龙复兴"的开始。

在耶鲁大学皮博迪自然历史博物馆的约翰·奥斯特罗姆（John Ostrom）的领导下，新的科学进步开启了恐龙研究的新大门。恐龙，不再是缓慢、冷血迟钝的死胡同尽头，奥斯特罗姆称，它们其实是非凡的成功故事[11]。他把它们重塑为聪明、热血、演化出众的生物。他的前学生罗伯特·巴克（Robert Bakker）之后通过生动的（有人认为过于生动了）写作把这种想法传达给了公众——尤其是非虚构书籍《恐龙异端》（*The Dinosaur Heresies*）和小说《红色猛兽》（*Raptor Red*）。他是从一只雌性的犹他盗龙角度来写的，描述了它在白垩纪时期为生存挣扎的一生。（侏罗纪系列《失落的世界》（*The Lost World*）里罗伯特·伯克博士的角色，显然是受到了巴克的启发。）20 世纪 60 年代是摇摆的，恐龙又热门起来。

斯托克斯开始打电话给博物馆，说对方只要提供资金或者工人，他就可以提供恐龙骨架（得亏有一些防止考古资源流失的法律，斯托克斯的行为事实上是非法的，尽管没人反对）。迄今为止，超过 12 000 块骨架从采石场被挖出，犹他州这一块小地方的恐龙流向了遍布世界的 65 个不同的机构，包括爱丁堡、利物浦、科威特、米兰、土耳其和东京，而东京那次是日本的第一次恐龙展。好多骨骼仍然在场地里，还在现场工作的古生物家们，时常会有踩到一块新化石的危险。在一个推广视频里有人这么讲："这是世界上唯一一个你会因发现新化石而沮丧的地方，因为化石实在太多了。"

克利夫兰 - 劳埃德这个场地从 1920 年断断续续地开挖，场地的历史就是恐龙研究史。古生物学家们最早入场，主要的工作就是把恐龙拼在一起。"那时候他们连测绘图都不画。"莱斯金说。如今古生物学家要把恐龙放在它们的生存环境中解释。讲起来据说很有趣——恐龙怎么会保存在这里，它们所经历的演化故事，它们出生并死亡的生态系统的故事。说到故事，克利夫兰 - 劳埃德可是一个 1.48 亿年前的侦探故事。没人知道这些恐龙是怎么全部集中在这里的——还有，为什么这里的捕食者和猎物数量呈 3:1 的关系，这可是前所未闻的？"感觉像是，拜托，这不可能发生啊！"莱斯金说。

一般来讲，你会预期猎物比捕食者数量多得多，但是克利夫兰 - 劳埃德复原的骨头中 75% 属于最可怕的兽脚亚目食肉恐龙（theropods）：脆弱异特龙（*Allosaurus fragilis*）。这里有很多这种恐龙的遗骸，古生物家们用这些骨骼重建了异特龙的整个生命周期。对外行来说，异特龙是一位轻盈的捕食者，它长得像雷克斯霸王龙那样，长度可达 12 米（跟双层巴士差不多），重达 2000 公斤（跟一辆路虎差不多），每只掌上有 3 只邪恶弯曲的爪，还有长满了锯齿状牙齿的嘴 [12]。

关于采石场的这些骨骼的来源，有诸多研究假设。它们是被毒杀的吗？因为干旱而死？还是被困在厚厚泥层中？也许，这里是一个季节性的短时湖泊，被埋进去的尸体会先被冲刷再被沉积物掩埋？是水变得有毒吗，所以恐龙骨架上一点咬痕都没有？"我们遇到的问题比答案多，"莱斯金说，"刚发现恐龙的时候，光是发现它们存在就很了不起了。但现在呢，大家会想，恐龙是怎么变成这样的？"

这个场地目前由威斯康星大学和印第安纳大学挖掘，莱斯金带我们看了主坑——在一个棚屋里的一个浅坑，像莱斯金的储藏柜一样，工具盒、长木头、盘好的绳圈全部堆放在一起。在这里，莱斯金花了很多时间思考，怎么既能少花钱，又能防止水渗过棚壁损害骨头。我们朝坑里看去，灰色土壤中突出来很多黑色的树根木瘤一样的骨头。有一些骨头已经用熟石膏裹好，这样在骨头被取出时可以起到保护作用。

在挖掘季，这个坑里会蹲满学生和教授们，凿下、刷下一层层的岩石——都是劳心劳力的慢活。摄影测量法第一次用来测绘这块场地。"我们会以 10~15 厘米为一层把场地整体过一遍。每扫一层，都会以网格系统扫描测绘那些骨头。把这些照片集合起来，制成摄影测量模型，我们就有了这一层的电脑 3D 模型，然后就可以研究这些沉积物是如何沧海桑田变化的。"彼得逊在一篇写给史密森尼杂志的文章 [13] 中解释到。他希望通过研究这些模型，来搞清楚这些恐龙残骸的来龙去脉：它们全部来自一场突发的灾难，还是自然地日积月累而成？

其他研究还包括采石场的地球化学分析，通过实验找出兽脚亚目食肉恐龙尸群到底是怎么被吸入水中，以最大程度还原侏罗纪时期的环境。因为没有活着的兽脚亚目类恐龙，科学家就用鸟做实验。

"我的方法就是研究犯罪现场或考古现场的方法——蛛丝马迹绝不放过。[14]"彼得逊说。

*

一个周五下午，犹他州卡本县的中心，普莱斯炎热宽阔的大街上，寂寂无人。很多店都关门了，大概有一些是休早周末，有一些则看起来是永久关闭了。地方法院对面，犹他州立大学东方史前史博物馆里凉爽宜人，克利夫兰 - 劳埃德出土的生物们在此安息。

馆长肯尼斯·卡彭特（Kenneth Carpenter）带我转了转恐龙大厅，一只长着马一样头骨的弯龙（*Camptosaurus*）正与一只站起来的异特龙对峙。卡彭特留着黑短发，穿着卷边的蓝牛仔裤，声音平静，而且看起来与周遭十分和睦，他可以一直怡然自得地在生活在这里。"我们用了尽可能多的真骨头，"他指着展示品说，"史密森学会，出于只有他们自己懂的原因，把大部分真东西都拆下来，上了石膏。对我来说，这就像去卢浮宫看不到《蒙娜丽莎》的原件，只能看到复制品。看着是一样，但心理感受上不一样。别人怎么想我不在乎，但我认为人们来博物馆是来看真东西的。他们不想看复制品。"

温瑟尔似乎对恐龙有点儿不好意思，因为他其实是对科学本身更感兴趣，但卡彭特绝对对此充满热爱。卡彭特出生于 1949 年美据时期的东京，5 岁时妈妈带他去看《哥斯拉》。《哥斯拉》之于他，就像《侏罗纪公园》之于那些年轻科学家："我太震撼了，当时就决定要成为古生物学家。"

在克利夫兰-劳埃德发现的化石帮他解决了恐龙学家们日思夜想的问题。比如，异特龙跟剑龙打过吗？剑龙需要多大的力气才能在异特龙身上留下穿刺伤？

"以前就有人问我，要是有时间机器可以回到那时候去看现场直播，你会愿意吗？我的答案通常是不。对我来说，古生物学的乐趣就在于自己研究出来，基本上是一种思维锻炼。我要是乘时间机器回去，就没有这种神秘感了，那就不再是古生物学，而只是生物学了。确实，去动物园看动物很好，但我也未必想要那样研究它们啊。"

在博物馆，卡彭特试图讲述东犹他州地质历史的宏伟浩荡，当然这比恐龙时期要长得多。似乎只有恐龙，自童年时期一直留在我们心里或者身体里的某个部位。在最近的一本书——《食肉恐龙》（*The Carnivorous Dinosaurs*）——里卡彭特研究了一块异特龙跖骨上的刺伤，猜测是被剑龙尾尖刺给刺到了。他写得像罪案电视剧里那种法医病理学专家："这是发挥了最佳经验的致命一击，这根刺从下面穿入，以横断面向上 58 度、冠状面向前 33 度、矢状面向外 10 度，刺穿了这只异特龙的脚。这根刺并没被拔掉，穿孔因此变得更大。"他继续猜测，剑龙背上竖直向的骨板"可能用来防止粉碎气管的招数"——也许异特龙就喜欢这种攻击动作[15]。再一想，我不禁觉得这种形式的科学，本质上离我侄子的那种并不太远："你知道吗，三角龙能从雷克斯霸王龙大腿骨那里捅下去，这样就可以杀死对方。"

我问了卡彭特一个我经常对古生物学家感到好奇的问题："为什么要把多年人生耗费在重建早已作古的生物的形象和行为上呢？这种追求对现实世界并没有实际意义啊？"

"我希望对人们有所教益，希望他们会欣赏过去生命的奇观，现在和过去非常不同。"他说。另外一位希望保持匿名的古生物学家回答得更加坦率："我自己的想法？我没怎么想，就是做得开心。"

"我想，人们研究自然科学，主要就是想理解我们身边的环境，以及它的去向。"瑞典古生物学家约翰·林格伦（Johan Lindgren）回答我，"我们无法看到未来，我们所拥有的资料都来自过去。如果想明白今天是怎么发生的，就需要回头看。"

"想要鸡蛋里挑骨头的话，那确实，它也不能治愈癌症或者解决能源危机。"温瑟尔说，"但我觉得大体来说，我们天生就有义务来理解自己的世界何以如此，而理解事物在漫长岁月里如何一步步踏过雄关漫道则是其中重要的一环。如果不把身边了解巨细，就不能明白为什么要关心它们。那么我可能就会把塑料倒入海洋，也不在乎红松鼠是否都失踪了。另外，我觉得人们对未知事物或者去艺术博物馆会有天然的好奇心。我是说，为什么会关心艺术？为什么会在乎未知？如果人们对这些有兴趣，那就值得做。"

*

1997 年，芝加哥菲尔德自然历史博物馆花了 830 万美元购买雷克斯霸王龙苏（Sue）[16]（资金由加州州立大学、迪士尼和麦当劳共同筹措）。至写作本书时为止，这是世界上最贵的恐龙交易。

有一次我去参观一场拍卖，佳士得拍卖行科学与自然史专家希斯洛普告诉我，"《侏罗纪公园》给市场带来了一个大明星。要是没有《侏罗纪公园》，我觉得不会涌出这么多钱来买苏的。"

千禧年时，恐龙被翻新而出——这次是作为富豪和企业的身份象征。莱昂纳多·迪卡普里奥（Leonardo DiCaprio）、罗素·克洛（Russell Crowe）、尼古拉斯·凯奇（Nicolas Cage）等明星，都是知名的收藏家。雷斯克霸王龙头骨如今坐落在一家加州软件公司的大厅里[17]。其他骨骼最后成为豪华别墅和公寓的室内装饰。肉食类比植食类要受欢迎得多。"这么说可能有点偷懒，但人们有一种刻板印象，觉得男人就爱买这种猎奇品，这种印象有其真实性。人们喜欢巨大、凶猛，能一口把邻居咬断的东西。"希斯洛普说，"你若想要真正让人激动又很新潮的，最后总是会选雷克斯霸王龙。"他估计一颗牙可以卖到 5000~10 000 英镑。而异特龙的牙——更古老也更珍贵——努努力也就能到 1000 英镑吧。"归根结底还是靠品牌。这种差异的部分原因是，这是一个稚嫩的市场——人们对此钻研不多——但也是因为艺术品市场的操作模式。"人们更希望买雷克斯霸王龙，跟他们更希望买毕加索、雷诺阿、莫奈，而不是其他 20 世纪的艺术家的作品一样。

虽然他觉得未来会改变。当我侄子这代人长大，他们的目光可能并不会停留在霸王龙、剑龙、三角龙上。希斯洛普记得跟他自己的侄子讲过他正在拍卖的那枚雷克斯霸王龙牙齿。"我以为他会感兴趣，但是他马上就说，棘龙牙齿更大。"他对雷克斯霸王龙牙没什么印象。

不是每个人都接受恐龙作为身份象征的。2018 年，法国奥古特拍卖行登出一只巨大的尚未分类的恐龙拍卖信息。位于马里兰贝塞斯达的古脊椎动物学会代表全球 2200 多名古生物学家，写信给奥古特，督请他们取消这次拍卖。信中写道："化石标本流入私人之手，是科学的损失。[18]"

即便私人收藏家允许科学家研究他们的化石，对科学家做研究来说也是杯水车薪。"为科学研究之故，公众应该可以有获取化石的渠道，否则你无法写出论文。"科克大学的麦克马纳解释说。学术研究成果需要可重复，可核查，如果化石在私人收藏里，这就无法保证了。"我确实觉得，所有的科学奇观，都可能会落入好莱坞豪宅里。"她说，"像化学，你可以研究合成化学物质，研究它们怎么形成。生物学呢，可以取出细胞，看看蛋白质怎么进出。而古生物学家们，是没办法马上获得资源的。我们依赖于非常有限的高质量化石聚集地。""虽然古脊椎动物学会无法收集拍卖中的恐龙化石的资料，"学会的前主席保罗·波利（Paul Polly）说："那种超高价的化石拍卖越来越普遍了 [19]。博物馆没有预算来与之竞争。"

但是也有一些异议。我跟卡彭特也谈到古脊椎动物学会反对私人购买的活动，他告诉我："在这个问题上，我有点不同意见。看看古脊椎动物学史，就开始于化石买卖。玛丽·安宁卖了很多化石给自然历史博物馆。本国的马什和科佩以前也买标本的。"温瑟尔表示赞同。"要是认定收藏化石是完全非法的，那就什么都不会找到了。我们做学术的没有时间持续去野外，我们确实需要找化石的人。"他说，科学家需要跟商业性的化石猎人发展出更好的关系，而不是把他们污名化。

奥古特拍卖行的恐龙最后在巴黎以 200 万欧元卖给了匿名出价人。据报，购买者希望把它安置在法国博物馆里，但再没有后续消息了。

虽然投入的金额巨大，希斯洛普相信这个市场在某些方面已经到头了。比如，目前，挖掘三角龙并没有商业上的可行性。所有的化石都很稀有，恐龙化石尤其是，但在这个前提下，三角龙还是相对比较普通。"我形容它们是白垩纪的牛，"希斯洛普说，"只要有人说，我发现了一块恐龙骨，大概率就会是三角龙。"部分是因为很多三角龙那时候喜欢四处漫游，部分是因为它们是相对晚期的恐龙化石，所以它们被发现的岩层也相对年轻，导致化石变形以至崩坏的时间比较短。"三角龙整体上仿佛有 50 万英镑的价格上限，颅骨要是状态很好，大概可以拍到三四十万英镑，但发掘时你只需要 10% 的时间取出颅骨，而 80%~90% 的时间花在骨架的其他部分。"光从利益上来讲，化石猎人只取出头骨，把剩下的部分留在原地也是可以理解的。"但这真让人心碎，不是吗？"

确实，在艺术市场上，即便是用 830 万美元购买苏也不算是豪掷。"在化石大战时期，顶级的恐龙化石跟顶级的画作价格持平。"希斯洛普说。到 2020 年为止，拍卖行拍过的世界上最贵的画是达·芬奇的《救世主》（*Salvator Mundi*），2017 年以 4.5 亿美元成交。"以这个价格，我可以比世界上任何自然历史博物馆出价都高，把地球上所有最好的恐龙收集起来。"

*

当我们想到恐龙时最常想到的，是它们统治了几乎整个地球直到突然灭绝。它们从来都是悲剧形象，一想到恐龙，就很难不意识到它们已经不存在了。

杀死恐龙的是一颗流星。它爆炸了，随后是大量的毒气和熔岩，还有火山。滚滚浓烟，遮天蔽日，植物无法生存，植食类恐龙没有食物来源，只能灭亡。而肉食类也没有吃的，于是都死了。

流星和火山爆发。科学家们在推测白垩纪 - 古近纪灭绝事件（K-Pg extinction event），（白垩纪本来应该是 C，不过 C 已经用来代表寒武纪了，所以这里用 K 代表白垩纪，Pg 是古近纪，这两个缩写代表大灭绝事件的两个时间段）中到底发生了什么，我小侄子对此颇有见解。根据他的描述，我们可能还得加上一些细节，流星或巨大的小行星掉落在墨西哥，砸出了希克苏鲁伯陨石坑。还有火山活动也普遍增强，恐龙们还得对付印度德干地区的火山爆发。于是，经过几百上千年，熔岩喷涌而出，喷口足有法国、德国、西班牙全部加一起那么大。有些地方的岩浆达 150 米之厚。大概是所有这些火山活动引起的酸雨，促成了白垩纪晚期的全球变冷和变暖阶段，从而使地球生态更为动荡，动物种群生存压力倍增。

也有证据显示，其他地方（如北美洲西部）在流星撞击时，恐龙数量已经在减少了。科学家指出，在白垩纪晚期，恐龙种群的多样性缺乏，可能是源于海平面下降导致的栖息地变迁。动物种群的多样性越低，就越脆弱、越容易灭绝。如那什和巴雷特所写：北美西部的恐龙构成看起来就是"将灭绝"群[20]。

不管准确的原因为何，估计75%的海洋生物，50%的陆生物种都无影无踪了：不只是非鸟类恐龙，还有很多哺乳类、蜥蜴、昆虫、翼龙、植物，还有海洋里的蛇颈龙、沧龙、菊石以及鱼、鲨[21]。白垩纪-古近纪灭绝事件之后，新世界应该是个更安静、更空旷的地方——海洋大体上静谧，陆地上仍然是烟尘飞舞，随处是烧焦的树桩，开始极其寒冷，然后又全球变暖，地狱一样炙热。

现在，大灾难似乎发生得比过去、比深时更频繁，这成了一种不可改变的现实，我们似乎把自己对气候变化和时代大灾难的恐惧投射其中，我们看着恐龙——世界上顶级的捕食者——浑身寒战。恐龙是体型震撼、极具危险、适应性强大的生物，到头来也没能躲过灭顶之灾。

"恐龙不是恐龙帝国的统治者，就像我们也不是我们的主宰。"扎拉斯维奇在《我们之后的地球》里写道，"可能我们不希望未来挖掘我的人也有同样的敬畏和惊叹吧？"他想象未来的古生物学家们可能会从外太空来，挖出我们的化石遗骸。

他们的关注点可能会是，在这颗星球上如此多的居民中，谁对保存挂毯最重要。他们也可能会对无数的无脊椎动物或者细菌感兴趣——这些对一个稳定的、持续的复杂生态系统更为重要——从行星层面上说，这种生态系统是个罕见的奇迹……把顶级捕食者拿走，侏罗纪的生态系统会有一点不同，但肯定不会失能。拿走人类，现在的世界也会是个生机勃勃的愉快的世界，就像2亿多年前，我们尚未出现时那样。拿走蠕虫和昆虫的话，世界才会真的分崩离析。而拿走细菌，包括它们更古老的远亲古菌，以及病毒，世界则会灭亡[22]。

*

卡彭特告诉我，摩押镇附近有一个在旧铜矿里保存着的恐龙足迹。那天仍然炎热，一点儿阴凉都没有。往山腰上走，脚下平坦的砂岩斑驳、朴实，呈锈红色，有些地方几乎是紫色。起伏的表面上印刻着圆圈图形——1.5 亿年前，这里还是一块侏罗纪浅河边的沙洲时，有一片波纹固定下来，如今它属于纵横交错的莫里森层中的一块。

路两边都是从灰黄色土壤里冒出的黄色岩石。一团团蓝羊茅中，伸出许多根浅金色羽毛样的穗。低矮的雪松长着翠绿叶片，还有小颗布满灰尘的蓝灰色松果。一只黑鸟——可能是乌鸦——在蓝色天空中若隐若现。

1.5 亿年前，3 只恐龙路过此地：一只大的蜥脚类和两只三角龙，其中一只受了伤，跛足而行。它们在沙洲上留下了脚印，时光流逝，这些脚印被沉积物填满，又整个被掩埋，最后在斗转星移中变成了岩石。蜥脚类的足迹很大，边缘比较钝——你得明确自己在看什么，才能把它们和普通的岩石上的压痕区别开。三角龙的足迹小一些，更像动物的足迹，像硕大的狗和一只鸟交错在一起。每一个足迹都有清晰可辨的爪垫和菱形且长的趾印。

我坐下来，从金属杯里喝着热水。远望过去，平顶的孤峰看起来像云。云层上面，像舞台上的叠层布景一样，默默地平行褪去。鸟又回来了，落在一两米外的石灰岩上，昂着头，眼神里闪着鸟类的智慧。

自 1990 年后，中国出现了很多新的化石场，像曾经的美国一样，中国变成了恐龙猎人新的富矿前线，出土了许多非凡的材料，展现了 1.6 亿年前，小的带有羽毛的捕食性恐龙是如何演化成鸟类的。如今，大部分古生物学家也认同，现代鸟类不仅仅是与恐龙有关，或许就是起源于恐龙——它们实际上就是恐龙，只是被分在兽脚亚目的亚群里（包括雷克斯霸王龙和异特龙在内的群）[23]。

我蹲下，在笔记本上绘出岩石上足迹的形状。跪在犹他沙漠里，我感觉到的似乎不只是博物馆里那种干巴巴的骨头——凸显了死亡气息、已逝之味的骨头，而是那些足迹，足迹最终让我更贴近动物本身。我想到剑桥赛科维奇博物馆馆长诺曼（David Norman），他在一场地质学会的演讲里说道："一只恐龙经过，留下足迹。某种程度上你可以这么想，触摸这个标本时，是你这辈子最接近恐龙的时刻。"

谈起那些在地面行走的恐龙时，我们赋予了它们除了动物性以外的一切：火热的宣传、神话、市场、商品化，从恐龙身上遇见的自我和自己的文化。到处都是塑料恐龙小玩具，还有恐龙相关的符号和文字，这种熟悉感让我们无法真的去认识恐龙。我们对恐龙已经没有想象了。恐龙，谁不知道啊。

　　或许其他什么转移了你的注意力。触摸着其中一种兽脚亚目恐龙的菱形脚趾印，你能感觉到整整 1.5 亿年都融化在热沙漠区的空气中。那里曾经真的有过恐龙。在那一瞬间，这个简单的事实又变得神奇起来。

　　那里曾有恐龙走过。

秧鸡——一种长得像鸭子的小型鸟——在始新世的一天，倒在如今是丹麦的土地上。大概 5500 万年之后，一位丹麦的博士生把这只鸟的化石残骸放在显微镜下。这对鸟早已没有意义了，但古生物学却得以有了一次重大进展。

温瑟尔现在是布里斯托大学古生物学讲师。他英文略有口音，讲话速度快，还会挥舞着手，经常以"嗯""吧""哎呀"结尾。他童年时就对自然界很着迷，一直在收集日用的植物——水果、蔬菜、烟草甚至大麻（长在废弃的小菜园里）——卧室里还堆满了养着蜥蜴和蛇的水族箱。空气泵的呼呼声经常让他睡不着。

他的秧鸡工作始于一种更古老的生物：2 亿年前的鱿鱼类化石[1]。19 世纪，包括玛丽·安宁在内的化石猎人们，已经知道史前的那些墨汁会保存在化石的囊里。温瑟尔在耶鲁念博士的时候，就知道实验研究的标本里有墨。那就是一个"啊，发现了"的时刻。"我正看着那些点，思考'这到底怎么回事'，然后意识到这跟活生生的鱿鱼是一样的，也就是说，它也由黑色素组成。这是我们也有、恐龙也有的色素。"

研究色素，就可能解决一件人们长期认为不可能的事——利用化石证据来还原已逝生物的颜色[2]。

色素通过吸收特定可见光的波长形成颜色。典型的色素包括黑色素（melanins，红、黄、棕和黑）、类胡萝卜素（carotenoids，亮红色和黄色）、卟啉类化合物（porphyrins，绿、红、蓝）。其他颜色由光散射的纳米结构产生，这被称为结构色，它们不是直接由化学物质产生，而是由细微结构的表面对光进行折射、衍射、漫反射后产生的。回想一下热带鸟类羽毛那些美妙绝伦的颜色，还有郁金香叶面上黄油样的光泽，都由此而来。

很多植物和动物既有色素也有结构色。孔雀尾羽就有棕色色素，但精细的表面结构使它们也可以反射绿色、蓝色、青绿色，最后生成著名的五彩斑斓的光泽。在人身上，黑色素主导头发和眼睛的颜色。它们以两种形式在小小的细胞体"黑素体"里形成和储存。腊肠型的黑素体产生黑色调，不同圆形的黑素体产生一种锈红色调。如果你是红发，你应该有圆形的黑素体。如果你是黑发，应该就是腊肠型的。如果是棕发或灰发，那可能是两种形状的黑素体的组合，还有一些色素是缺失的。

特殊情况下，皮肤和羽毛也会化石化，但这种化石（通常是黑色或棕色）的颜色是化石化的过程形成的，并不能作为活体生物颜色复原的指南。

但如果色素是储存在囊里的，温瑟尔论述道，那么黑色素——或者含有黑色素的黑素体——就可能也会在化石化的皮肤和羽毛里出现。他现在就需要一个罕见的软组织化石来验证这个理论。

这可不容易。这种化石太稀少，馆长们不大愿意让一个不知名的博士生把它切开，做成足够小的样本，以便放在强大的电子显微镜下。他最终劝服了哥本哈根地质博物馆脊椎动物馆的馆长，允许他从一块石灰岩上切下打字机大小的样品，这块石灰岩上含有 5500 万年前的秧鸡颅骨。

虽然早已作古多年，但温瑟尔展示给我看时，这只鸟看起来依然警觉，头竖起着，仿佛还在寻找着始新世的小虫子们。它看起来这么栩栩如生，是因为羽毛。这块化石里有黑色晕状的羽毛印迹，还有两个黑点，那曾是眼睛。它像一朵干花被压扁后夹在书页里，不大像一副动物的骨架。温瑟尔第一次拿到标本后，调整了显微镜，开始一点点看。"我坐在那儿，把镜头调大，寻找黑素体，突然间发现，天啊，就在那啊！我们能给化石恐龙上色了。"

最开始时他的导师德瑞克·布里格斯（Derek Briggs）还有点将信将疑。温瑟尔描述的这些结构人们早就知道了，还把它归类成——细菌[3]。"它们的尺寸和形状都跟细菌一样，而且是在腐烂尸体上发现的，通常在尸体上你就会自然地以为发现了细菌。"另外一个科学家告诉我，"这看起来是很有根据的。"为了寻找更多证据，温瑟尔和布里格斯又找来一块有黑白分明的带状纹路的白垩纪羽毛化石。在这块羽毛里，黑色的部分就有腊肠状的黑素体，白色的部分没有黑素体（也就是色素缺失）。如果那些形状是细菌的话，那无论是在黑的部分还是白的部分，都应该能看到。"好运来了。"温瑟尔说，"可能因为我那时才博士一年级，看一切都很新鲜，而且也没有什么负担——我本来也没有什么学术声誉要维护。"

温瑟尔在 2008 年发表了初步的发现 [4]。他在这个方向目前的进展就是根据不同形状的黑素体，绘出了不同的色调和图形，做出了第一条有颜色的恐龙。2010 年布里斯托的两个团队，一个由温瑟尔带领，另一个由迈克尔·本顿（Michael Benton）带领，几天内相继发表了论文。他们分别展示了赫式近鸟龙（*Anchiornis huxleyi*）头上有红冠，而长有羽毛的原始中华龙鸟（*Sinosauropteryx prima*）长着红褐色条纹的尾巴 [5]。自那以后，更多研究以温瑟尔的原始假设为基础开展起来，包括伦德大学的林格伦，用飞行时间二次离子质谱仪———种检测样品表面的化学组成和分布的高敏感性分析技术——来分析不同化石的成分 [6]。他找到了黑素体色素化学特征的直接证据。（只是与黑素体形状相同，这属于非直接证据，但直接证据则与之相反，通过这种证据，可以推断出颜色的信息。）

弄清楚灭绝物种的颜色，在心理学上也十分重要。过去的碎片变得越来越清晰，深时的含混模糊变得有了焦点。我们是视觉性生物，对光的感知是首要的。颜色让事物变得"真实"。"不可避免地，"考古学家和自然作家霍克斯（Jacquetta Hawkes）1950 年写道："感知，也需要有想象力。颜色？你面对的只有单色的石灰岩上，躺在纤细的羽毛印迹上的乱糟糟的骨架，想象力也只能拱手投降 [7]。"

现在，只有少数恐龙、昆虫和爬行动物被研究过。但如林格伦所说，我们还只是在皮毛上做文章。之前，插图师要画雷克斯霸王龙需要根据已知资料来猜测。画的时候，要营造什么氛围、用什么色调呢？是跟现代爬行动物和两栖动物代表的那种大地色系类似的？还是看起来更明亮，更绚烂的现代鸟类羽毛那种？它们可是唯一存活到 21 世纪的恐龙。而现在，他有另一种方法，可以开始把单色的史前世界绘成绚丽辉煌的"彩色电影"了。

*

跟温瑟尔一样，麦克纳马拉也是一位古生物学家。15 年前，她会称呼自己为古存在论者，但现在这个叫法听起来有点过时，给人的印象是一群穿粗花呢的老学究们在争论分类的细枝末节，以及穿着狩猎夹克，顶着晒伤，从荒凉沙漠里拄着骨头，颠簸回来的人。"现在非常多的古生物家对远古动物的兴趣不是确定物种，而是更偏向生物学，比如，它们怎么行动，吃什么，住在哪里，是什么颜色的。"

现在她快 40 岁了，（温瑟尔在读博士的时候，她在耶鲁大学做博士后），童年暑假的时候，她常常在北蒂珀雷里的森林里和田野里闲逛，她奶奶就住在那里。"她常常让我们出门玩，然后说，要找到 3 种不同的蚂蚱，或者 5 种不同的粉色小花，才能回来哦。我们总是在野外玩，这大概对我产生了根本的影响，一边看植物和动物，一边想想这个星球怎么运作的，我就对这种事感兴趣。而且真的，作为一名科学家，你所做的就是看着那些事物，花点时间，好好地看。"

现在她在爱尔兰科克大学，在保存非黑素自然色彩上有一些领先的工作，包括第一个系统性的结构色化石记录调查。甲虫化石身上有产生结构色的结构，2011 年，她使用了无比强大的显微镜来研究这些结构的形状[8]。2016 年，她发表了第一篇论文，展示了类胡萝卜素色素保存的证据，重建了西班牙东北部有 1000 万年历史的绿 - 棕色图案的化石蛇[9]。"我们做这个，是想给大家展现非黑色素的自然色彩也可以保存在化石里。此前人们只知道黑色素，现在也是盯着黑色素。但那块化石告诉你，看，我也可以保存类胡萝卜素。"不仅类胡萝卜素，还有结构色，在某些情况下它们都可以保存下来，她说："以前人们只根据黑色素来预测动物的颜色，现在这些颜色丰富多了。"

在耶鲁的时候，她决定要去弄清楚在化石化过程中，羽毛的不同颜色都发生了哪些变化[10]。她没有成百上千年来等待化石形成，所以决定加速这个过程，自己制作化石。

你可以利用热量和压力来估测化石化的效果。她借来同事的装备，放在系里的地下室——实际上，是一台非常强大的、可以控制温度和压力的烤箱。另外一位同事指出，这台机器的压力很大，要是哪里破了的话，这台烤箱会炸穿楼上两层。麦克纳马拉换到了校园边上的一个混凝土贮仓，把机器安置在很厚的钢门后面。

他们选了 15 片羽毛。每一片都含有黑素体，其中一些也含有其他色素和结构色，呈现出黄色、亮蓝色、橙色和绿色。每一片都包在锡纸里然后在 200 摄氏度、

250 巴 ① 压力下加热 24 小时。实验结果，麦克纳马拉发现只有黑素体——控制着棕色、黑色、锈红色等——撑过了化石化过程。"所以你要是只根据黑素体来解读颜色的话，那是自欺欺人。羽毛中其他色素和结构色的证据已经消失了。"实验揭示的第二点是，黑素体的几何结构也改变了，说明不可能精准地预测消逝物种的色调——虽然保存下来能看出大概的形状，腊肠型（黑色）还是圆形（锈红色）。对此，温瑟尔反驳说，在发表论文时他已经对这种瑕疵做出了解释。争论还在继续。

对麦克纳马拉来说，她关心的是对黑色素本身的理解尚不透彻。"我们需要多研究现代动物身上的黑色素，然后再去研究化石。"不只是颜色，黑色素能防止紫外线，还能提供一定的机械强度。这就是有些鸟有黑色翅尖的原因：黑色素会让外羽脆弱的表面更强硬，更耐摩擦。麦克纳马拉特别感兴趣的点在于，黑色素不仅存在于头发和皮肤里，也在内部器官里。"我们正在努力寻找是什么控制着黑色素的演化。我们一直考虑的是，黑色素出现在这里是生成颜色的，是因为性选择和形成伪装，但体内器官里也到处都是黑色素，也许它是出于完全不同的目的而形成的。你可不想因为错误而名垂千古。对科学家来说，这是最可怕的。"

林格伦也赞同。"我感觉，古生物学家有种过度简化的倾向，总觉得 A 肯定指向 B。但如果你去问一位现代生物学家，我们就会知道在现代世界里，任何事件都不是只有一个单一原因的。"

其他科学家也表示，不能单靠一根孤立的羽毛，或者从 ToF-SIMS 技术中用的那一点点样本，就推断鸟或恐龙的颜色。北卡罗来纳州立大学的玛丽·施韦策（Mary Schweitzer）在《美国国家科学院院刊》的一篇文章里讲[11]，就像从一两个点里的色素来确定一只现代孔雀的颜色一样，这太牵强了。也有一些意见表示，这个新的领域发展得太快了。林格伦表示，那些已做出的论断"远超过实际知道的事实"。有一些话题吵得很凶，而我交谈过的很多人都有些谨慎地表示只能"私

---

① 我国通常用压强单位来表示压力：Pa（帕斯卡，表示一牛顿作用在一平方米上），英国也是，但他们常用的压强单位是：bar（巴），可以简单地换算为 1 巴（bar）=1 标准大气压（atm）=100 千帕（kPa）。

下说说"。

这种紧张情绪，部分是因为古生物着色这个新兴领域被科学家视为"具有高影响力"，意思是，这种研究可以赢得基金，发表一篇《自然》封面论文，获得媒体瞩目。在这个领域的成功可以改变一个科学家的职业发展路径。

但对温瑟尔来说，关于古生物着色的持续争论走得太远了。每当他发表一篇新文章，他都会考虑人们会怎么评论，他该怎么回应。"你花很多时间来与之竞争，你会觉得，哎，就做点大家关注但不反感的事好了。"

*

除了给插画师呈现正确的色调，灭绝动物们的颜色还能告诉我们什么呢？答案是很多。

骨骼变成了化石：从其中保存的颜色里可以看出动物活着时的行为和互动，这些可是无法化石化的。"我们看到周遭的世界，看到惊人的颜色和花色，"麦克纳马拉说，"动物们用颜色来伪装自己，躲避捕食者，发出求偶信号，以及进行社交活动。动物身上的颜色证据，很可能会告诉我们这些远古有机生命的神秘之处。"

它可能让我们得以一瞥消逝生物的日常生活。比如，长期以来我们假定小小的四翼小盗龙是夜行动物，因为它们有大大的眼窝。温瑟尔和北京国家自然博物馆的李全国及同事们发现，这些恐龙长有彩虹光泽的羽毛，如果它们只是在夜晚活动的话，那这些羽毛就毫无意义[12]。

未来的科学家可能会把色彩如何随深时变化绘制清楚，回答像"是什么驱动了颜色演化"这样的问题。是自然选择——隐藏自己的欲望，还是性选择——张扬自己的欲望？比如，麦克纳马拉的甲虫应该就是跟现代的一些甲虫一样，利用闪耀的结构色来求偶。一些颜色漂亮的雄性甲虫发出信号，表示自己会是一位合适的伴侣：除了满足基本的生存需求，自己还要有额外的资源投入到变得更美、更有精力的结构中。

麦克纳马拉好奇道："但会不会有那么一段时间，竞争压力不大，性选择也没有发生呢？如果不是由这些因素控制，色彩图案会是什么样呢？会长出疯狂的图案来吗？或者根本没有图案？"观察哪些现代生物的行为能给我们一些线索，但不能假设世界一直都是像如今看到的这样。

颜色也能告诉我们动物生活的环境。科学家们搜寻附近其他的动植物化石来寻找线索，但是如果动物的尸体被河流运走，那这种技术就没用了。温瑟尔研究了一小块植食性恐龙鹦鹉嘴龙（*Psittacosaurus*）的化石，它是三角龙的亲戚，然后推断它背黑腹白——一种被称为反荫蔽的色彩排列[13]。现代的很多动物，从鲸到鹿，从捕食者到猎物都利用这种颜色把自己混入背景中。（在阴影处的通常比较亮，而暴露在天空下的比较暗。）亮和暗的数量和分布，经常和不同栖息地的光照程度相当。鹦鹉嘴龙的这种反荫蔽效果意味着，它生活在漫反射光源环境中，比如，树冠遮天蔽日的森林里。

这种适应性的伪装，无论是为了防止被捕食，还是更靠近你的食物，都是自寒武纪以来迅速增长的"军备竞赛"的普遍图案的一部分。这不仅说明了动物的生活环境，也告诉我们生活在同一环境中的其他生物们。"动物互相攻击，就得互相适应。就像《爱丽丝镜中奇遇记》（*Alice Through the Looking Glass*）中的红色皇后，你得持续跑动才能保持在原位。"温瑟尔说。想象一下那些大型现代食草动物，大象啊，犀牛啊，它们没有伪装，因为它们太大了，不可能被一口吃掉，而且它们的猎物，草和树是不会动的。

再想象一下甲龙（*Ankylosaurus*）。它也是食草的，有厚重的装甲，能长到 8 米长，重达 8 吨，比目前最大的陆生动物非洲象还大一点。如今，像这种生物不再需要伪装。而在侏罗纪，它就有反荫蔽色彩。"武装到牙齿的甲龙，也会因为一些什么东西而需要伪装。"温瑟尔说，"这告诉我们，那时候还有异常可怕的捕食者，《侏罗纪公园》的故事是真的。"

*

在研究鹦鹉嘴龙的颜色时，温瑟尔寻求了一位古生物艺术家罗伯特·尼克尔斯（Robert Nicholls）的帮助。全球范围内，只有数得清的几个人以研究古生物艺术为生，尼克尔斯就是其中一位。我寻访了他位于布里斯托郊区别墅楼上的工作室。工作室的墙上装饰着《自然》杂志的封面，上面印着他的插画，还突兀地挂着威廉·沃特豪斯（Willian Waterhouse）的《夏洛特夫人》（*The Lady of Shalott*）

的一张复制品。"我可喜欢这张画了。"尼克尔斯说,"给模型做标记是实实在在的活儿。远远看去,模型特别逼真,但靠近点你就会发现标记只是先钉在那里而已。"

我坐在那里观看,他正在电脑上做一个雷克斯霸王龙头的模型。街对面的一个小公园里传来小孩玩耍的声音。楼下他太太和小女儿在喝早茶。尼克尔斯干着干着,混乱的恐龙头在屏幕上不停地旋转,两边脸颊上鲜活的红色斜线像战前涂在脸上的油漆。古生物艺术家一般是受博物馆、科学家和出版商的委托,创作图画或者史前生物的模型。对那些最尽职尽责的艺术家来说,工作远远不只是一幅简单的插图。"重建过程定义了古生物艺术,观察化石材料如何从无到有地建造出物体来。"尼克尔斯解释说,"这不是一般的艺术家能干的活。"重建包括思考,以古生物学家的方式来思考,以及根据你对一般的化石证据的推测、判断动物是如何从骨到肌肉到皮肤组合而成的。

"在我这一行,有个词叫作收缩包装。"他告诉我,"就是指有些人不给恐龙装好肌肉组织。"一只缩装版雷克斯霸王龙就是艺术家只是把皮肤直接包裹在骨架上,所以你能看到头骨的形状,肩胛骨展开,还能看到背上的脊椎。"当然真的动物可不是那样的。单就霸王龙来说,它们的眼前有处开口,经常被画成凹陷,但其实应该是充满了软组织的,它应该是突出的。"尼克尔斯指着屏幕说,"画完的时候,这只霸王龙应该看起来非常真实,就像你伸手就能摸到一样。"他的风格,我们可能叫作照相写实主义者,就像 6600 万年的照相机一样。"我真正想要的可能是可以穿越时空去看恐龙,"他说,"所有变成了化石的那些恐龙,我都想去看,看不到会很让人沮丧。所以能做我这份工作,可以把恐龙做得非常真实可信,我很高兴。"

大部分古生物学家和古生物艺术家都是受过专业培训的,但尼克尔斯没有正式的科学背景。他上学时有阅读障碍,读书很困难,科学类只得了 E,但为了重建更加准确,他尽可能地读了古生物学的资料,听了音频书,还参加了科学会议。为了深刻理解这些古动物的生物学,他也学了动物生理学,尤其是鸟类学。我们见面前不久,他参与了皇家兽医学院的一次鸵鸟解剖。

温瑟尔 2014 年联系他讨论鹦鹉嘴龙模型的时候,解释说,他遇到了一块非常罕有的化石。生物的大量软组织，包括黑素体的证据，都被保存了下来。有了这些材料，他们就可以做出最精准，或者严格来说，更可信的恐龙模型。尼克尔斯立马答应了。

他们花了 4 个月的时间，最开始的工作是在法兰克福森根堡自然博物馆拍照，测量化石。"我测量了每一根骨头、每一块肋骨的曲度，来确定躯干的形状和四肢的比例。"尼克尔斯说。在重建初期，他先在稿纸上画，并在骨架上画出肌肉和软组织。"你得忘记你头脑中那些固有的想法，只是根据化石本身来画。如果画出来的效果让你惊讶，你就知道画对了。"画鹦鹉嘴龙时，这种方法马上就见效了。重建出来的恐龙是一只四足动物，这就是他期望做模型的那种。但当他开始重建动物的身体构造时，四肢的比例和一处顽固的脊柱让它看起来像是二足动物。

接下来，尼克尔斯雕了一个黏土模型，他之前常用液体硅模具，最后才做玻璃纤维模型。绘画过程通常需一周，但这次软组织的信息很多，温瑟尔的着色新工作花了差不多 1 个月。

最后，装进去两只黄色的玻璃眼珠，尼克尔斯终于退后一步，看到了 1.01 亿年前凝视着他的那只生物。鹦鹉嘴龙此前也有人画过、雕过，但从没有这么多细节，也没有如此认真地被描绘过。现在，尼克尔斯做了两个模型——波奇（在温瑟尔办公室里）和斯坦利，在尼克尔斯工作室角落的手工台上。斯坦利跟一只拉布拉多差不多大，它长着独特的鹦鹉一样的喙，还有宽宽的头，脸两边都长有角状的结构，像《星球大战》里莱亚公主头上的小髻。（"对这种恐龙来说，宽头是一种性感的特征。"尼克尔斯说。）背部深棕色和橙色斑点逐渐变淡，延伸到奶油色的下腹部。它黄色眼睛里的神情很迷人，甚至友好。

"雕塑过程中，有一会儿我觉得这很可爱。这就是我要的吗？也许我应该做得更恐怖一点？"他说，"但我又想，这种想法只是迎合大部分人的期待而已。他们觉得恐龙是电影里的怪兽，但是它们不是，它们只是真实的生物。现在也有很多动物看起来很可爱，恐龙怎么就不能可爱呢？"

温瑟尔发表鹦鹉嘴龙反荫蔽色彩相关论文时，把建造模型过程中的收获吸收了进去。尼克尔斯也是论文署名作者之一。

鹦鹉嘴龙这样的项目是很少见的。一般的用户无法像古生物艺术家那样花足够多的时间来研究如何从单薄的骨架里建造图片和搭建模型。"我们可以随便去一家书店，随便挑一本书，马上就能看到这是由一般的插画师还是专业的插画师画的。普通插画师会模仿其他艺术家，因为他们不知道怎么去重建。"尼克尔斯告诉我。

没有资源、时间、知识或意愿的艺术家只能依靠模仿复制已有的图片。"所以有很多很多关于古生物艺术的刻板印象和主题图。"他说。已经发表的这类艺术作品里，恐怕90%都是照搬的废品。他记得，有一张图里，艺术家完全复制了别人的画，画的每一部分都来自一位他复制的艺术家，以至于最后形成了拼贴画一样的古怪效果。

尼克尔斯给我看了他刚完成的一张图，是给自然历史博物馆的书《恐龙：它们如何生存如何进化》（ Dinosaurs: How They Lived and Evolved ）做的新版封面插图 [14]。尼克尔斯称为"硬核古生物艺术群体"的艺术家们，重重批评了这本书的第一版，认为封面———只吼叫的兽脚亚目恐龙——解剖结构上画错了，错得相当典型。尼克尔斯受到委托时，他决定做点完全不同的事。

他的神秘作品显示了最近在中国发现的天宇龙。在黑色背景中，这只恐龙有黄色的猫头鹰一样的眼睛，被红色的皮肤褶包裹。头上和身体上都覆盖着纤细的姜黄色毛发，从根部立起，像是带静电似的。巨大的爪子紧紧扣住绿色植物的枝干，把它抓向自己鸟喙一样的嘴里。这张图彰显了它的动物本性，以及亲切感——不是电影里的怪兽——把我们从懒惰的想象力中敲醒，让我们真正看到一只恐龙，并再次体验到维多利亚时期的人们第一次瞥见这种已经消失的爬行动物时的那种神秘感和奇异感。对出版商来说这也是大胆的一步：试图让人们重新定义恐龙。恐龙，不仅是侏罗纪公园的可怕猛兽，而且也是稍许古怪的、植食型的生物。"希望对书的销售没有负面影响，不然下一个十年我们还是会迎来咆哮恐龙的封面的。"尼克尔斯说。

他又在电脑上打开一张图。"这是一张呈现一群食草动物过河的合成图，目前花了100小时吧。"为了画这样一张图，他要给所有的生物单独做模型，然后把大概100张图组合放入一个背景里，来制作他眼中的侏罗纪。"年轻的时候，我的画都是关于刺伤的。这种场景很无聊，也很吓人，但现在看起来很让人激动。我喜欢呈现图片和电影里看过的熟悉的事件，比如，一群野兽过河，但又是不熟悉的动物在不熟悉的环境中发生的。"

对尼克尔斯来说，古生物艺术的整个行当都在成长，重点也转移了。"还有少数几个人认真在做，我们想做出更多样、更复杂、更自然的重建。"未来，对尖端科技的应用，尤其是在颜色重建领域，作用越来越重要。"颜色重建中我特别喜欢的部分是，你就是决定了动物长什么样的那个人，而且是首次细化到色彩图案层面。"尼克尔斯笑着说，"可以给人们展现此前从来没有人做过的东西——这才是最棒的。"

造景

苔绿色的 Connemara 大理石与酒红色的 Griotte d'Italie 对比鲜明。深绿伴烟灰色的阿尔卑斯绿蛇纹岩（serpentinite），青灰色的 Blue Belge，黑色石灰石 Belge Noir，浅粉色的 Nembro Rosato 则是老式的茶香玫瑰的颜色。锡耶纳角砾岩（Siena Breccia）筑成的黄油般金色的柱子，鸽灰色的 Repen Zola，半透明的淡橙色英国雪花石膏（English alabaster）[1]1。

有一天，我在炽热的梦中，去往南肯辛顿的布朗普顿圣堂，闪耀成堆的大理石和雪花般的石膏们变成石柱、面板、圣坛、字母，还有圣体安置所。宁静的漩涡，伸展的脉络，交错的条纹，还有色彩的烟云。大理石是物理和化学的奇遇——在富含丰富矿物质水中，沉积的石灰岩因为高热高压变质而成。法国哲学家和岩石收藏家罗格·凯洛依斯（Roger Caillois）曾说，我们感受到大理石之美，是因为比人类文明还要古老的大理石本身教会了我们什么是美。岩石塑造了我们的审美，也引导了我们认识美[2]。

从大理石板和石柱中，我们可以回溯千万年的旅程。一处亮色的纹理，是各种独特的矿物质进入热液，翻滚着在原来的石灰岩中，冲出一条裂痕形成。基质中一团杂乱的晶体，是千年来在黑暗地下的炽热和重压中缓慢形成、变换的证明。这是深时自己写在岩石里的签名。

*

自从开始琢磨写这本书，我就开始沉迷于深时在现代城市里偶然的闪现。我

---

① Connemara、Griotte d'Italie、Blue Belge、Belge Noir、Nembro Rosato、Repen Zola 都是当地特有的岩石名称，并没有对应的正式中文名，故不作翻译。

会盯着空空墙面上的石材饰面，审视人行道和店铺窗户间的空间，门廊上的门楣，还有桥梁两侧的石面。寻找深时的过程中，城市的肌理意想不到地鲜活起来。灰色的砂岩铺就的路上有一组条带状的曲线，那是 3 亿年前，一条从如今的奔宁山脉流过的河流里涟漪的化石。牛津广场 Topshop 银灰色的花岗岩门面上，阳光拂过，泛起云母碎碎的光泽，石面微微光亮，轻轻颤抖，似乎顷刻就要倒塌。帕丁顿站的大厅里，你能看到骨骼片段似的圆锥形：4.5 亿年前的蜗牛壳化石嵌在石灰岩地砖里。

20 世纪 70 年代，伦敦大学学院的地质学家埃里克·罗宾逊（Eric Robinson）有了一个新想法：学习地质学，不是只能依靠遥远昂贵的野外考察，也可以通过城市的建筑和街道。他探索着这种模式，认为严肃地学习建筑材料是有其历史和文化价值的，他由此开创了"城市"或"街道"地质学。对城市地质学家来说，城市就是一个巨大的、挤满了标本的陈列室，一个地质学奇观的所在地。作为一个致力于普及和大众化的热切教育家，罗宾逊推出了一系列针对大众和学生们的伦敦地质漫游路线，其中一些现在仍然可行。

4 月的一天，我去滑铁卢站和露丝·西达尔（Ruth Siddall）见面。她也是伦敦大学学院的，是罗宾逊的前同事，她对罗宾逊的工作做了很多拓展，带领和记录了那些漫游活动，还制作了伦敦建筑石材的目录，包括一个网站和一个手机 App——伦敦人行道地质学——这让公众可以查看，还可以添加到城市建筑石材的数据库中。

西达尔告诉我，目前被认为代表了伦敦的"图像标志"里的很多著名地标，都是在 1.45 亿年前的侏罗纪形成的。我们现在叫作波特兰石的一种建筑用石灰岩，就是那时在多赛特东部形成的。车站墙壁前，西达尔指给我看那些貌似非常光滑的岩石表面，其实是由数不清的鲕粒组成的——被潮汐冲刷而成的极小的碳酸钙颗粒——还有贝壳砂，里面的灰牡蛎碎片壳仍然肉眼可见。波特兰石，最开始海运至伦敦，然后被建筑师伊尼戈·琼斯（Inigo Jones）用来给詹姆士一世建造怀特霍尔宫的宴会厅，再后来克里斯多夫·雷恩（Christopher Wren）和尼古拉斯·霍克斯穆尔（Nicholas Hawksmoor）又把它广泛用在教堂修建中。伦敦大学学院和大英博物馆也是用波特兰石建成。它非常受欢迎，因为易获取，供应量丰富，抗风雨,而且常用在毛石交易中,也就是说它可以被切割成任何形状。

我们穿过泰晤士河,西达尔拍了一些照片,做了一些笔记,她跟地质学家协会合作,汇编伦敦岩石目录需要的一些资料。这个协会 1858 年成立,与专业的伦敦地质学会相对应,它是为业余的地质学家提供帮助的[3]。我们停下来,给一座办公楼地基上的花岗岩拍照,两个青少年好奇地盯着我们。"做这个,你得有一种不害羞的精神,在公共场合看起来完全就像一个怪客。"西达尔说。

历史上的大部分地区,人们都倾向于用手边可用的岩石建造城市和村镇。这在伦敦就不行,这个城市建在滑动的黏土和柔软的白垩上。砖以前还是本地做的——从伦敦黏土中形成的蜂蜜色的格鲁吉亚砖——但白垩太软,做不了建筑材料。西达尔告诉我,正因如此,伦敦的建筑石材来自全世界。在南岸,皇家音乐厅外面,我们看到一块有 20 亿年历史的、来自比勒陀利亚的黑色玻璃状辉长岩,它筑成了纳尔逊·曼德拉(Nelson Mandela)的宏伟半身像的底座。音乐厅里面,游客们转来转去,横幅上宣传的是委内瑞拉西蒙·玻利瓦尔国家青年合唱团的演出。我们看着德比郡的石灰岩化石薄板——一块略带紫色的石头,填满了银河系样的浅色漩涡纹:圆形的,方形的,有些像音叉,有些像蝶蛹。事实上,这些都来自石炭纪的海百合类生物的化石残骸。

"这是我见过的全世界海百合类石灰岩里最好的样品。"西达尔说。(几周后,我加入了她组织的一次漫游活动,看到了另一个石灰岩石板,是在费兹罗维亚区的夏洛特街上。在研究世界穆斯林联盟大楼墙上的茶渍色石灰岩时,我旁边有一位高个子男性,我问他能不能看到我们要找的菊石。我们一同在石头上瞭了一会儿。他有点遗憾地说,他是一位地球物理学家,不是古生物学家,但又高兴起来——他确实来自科茨沃尔德,就是石灰岩被挖掘出来的地方。后来我们走到了波特兰广场的 BBC 大楼——都是含有化石的波特兰石——我们决定去喝一杯。两年后我们结婚了。)

西达尔最喜欢的建筑石材是花岗岩,她说:"它们有点像冰激凌——同样的基础配方,但有丰富的口味。"花岗岩是一种火成岩,配方是长石、石英、云母。伦敦的大部分路缘石都是花岗岩,但抛光后作为装饰石材时,它的颜色会有丰富的变化。滑铁卢站基底的康沃尔花岗岩是燕麦色的,而阿伯丁郡的彼得黑德花岗岩则是暗红色和鲑鱼粉色，就像 20 世纪 70 年代的食谱书里的一道肉冻，黑衣修士桥北端的维多利亚女王像的底座，就是由这种粉色花岗岩垒成。

西达尔和我停了一会儿，看到一艘满载游客的船从泰晤士河上驶过。望着下面的河水，她说："花岗岩还有一个伟大之处，你知道是什么吗？它形成了陆地。40 亿年前，花岗岩还很轻，得以从前寒武纪的水下升起，渐渐形成了大陆地壳（与海洋地壳相对的），也就是我们生活的陆地。"

19 世纪，随着社会财富的增加，铁路的发展，花岗岩和其他材料更容易从其他城市运到首都了，包括威尔士的板岩、奔宁山脉的砂岩、科茨沃尔德的石灰岩。现在，建筑石材通常来自更远的地方。漫游的时候，我们不仅发现了来自康沃尔、多赛特、阿伯丁郡和苏格兰高地的石头，甚至还有来自意大利、希腊、挪威、瑞典、中国、南非和澳大利亚的。自罗马人把大理石运到城里以来，就一直有一些特定的石头从海外运来。布朗普顿圣堂里的绿色、紫色和赭石色的大理石，黑衣修士酒馆的新艺术主义内饰就是这种传统的典型。但现在它已经是日常材料了，就像远道而来的花岗岩一样作了路缘石。

如地质学家和记者泰德·尼尔德（Ted Nield）在他的书《地下世界》（Underlands）里所写，低廉的油价和外国劳动力（隐含着剥削和恶劣的工作环境）意味着英国公司从中国、印度采购花岗岩要比从阿伯丁郡便宜得多，而且也不用操心这个过程中消耗的化石燃料[4]。更复杂的是，英国很多有地下岩石的区域已经被划分为国家公园，不允许随意开采了。这种情况造成了一个矛盾：景观之美被短期保存下来，代价是它未来只能以现在的形式存在。

我跟西达尔的步行之旅在圣保罗堂的台阶处终止。附近的花园里水仙花正明亮，我们上空是教堂著名的白色外观，由波特兰石筑成。教堂台阶上面的平台，是白色的卡拉拉大理石，里面有红色和灰色的瑞典石灰华镶砖。如果你蹲下来仔细看看石灰华，你会发现阴影似的白色记号，呈一节一节的圆锥形。这是奥陶纪的巨型鹦鹉螺，一种跟鱿鱼有亲缘关系的海洋生物。

我们研究化石时，我曾想到，它们多么奇特，不仅熬过了 4.4 亿年的深时之旅，甚至最后还有屈指可数的几片被 17 世纪的某个瑞典人选出来，运到伦敦来装饰一座新的大教堂，之后还目睹了 1806 年纳尔逊的葬礼，1965 年丘吉尔的葬礼，还有 1981 年查尔斯王子和戴安娜王妃的婚礼，以及 2012 年的占据运动，这个概率得有多小。

游客们在午后阳光里四处闲逛，在台阶上摆姿势拍照。我又想起托马斯·哈代的亨利骑士 5 凝视着三叶虫："时间像扇子一样在他面前合了起来，他看到自己处于悠悠岁月的一个末端，同时面对着岁月新的起点以及其间所有的世纪 ①。"

*

在意大利，城市地质学截然不同。我偶然在《实用勘探杂志》（*Journal of the Virtual Explorer*）上发现了一篇文章，意大利矿物学家、《意大利城市里的岩石》（*The Stones of the Cities of Italy*）一书作者弗朗西斯科·罗德里克（Francesco Rodolico）说道："蒙着眼睛的地质学家进入了一个全新的城镇，他此前对这里毫无所知，但可以仅凭建筑使用的材料就获得本地的地质学情况。6"伦敦和罗德里克的城镇概念（用本地材料建筑）的强烈对比使我震惊。伦敦当然有其传统的建筑石材，但一位身处南岸的地质学家用皇家音乐厅是很难解释本地的地质情况的。那篇文章的另一位作者是文森佐·莫拉。我跟西达尔的漫游结束后，我就起身去那不勒斯，跟他聊聊城市地质学的事。

在老镇，城市的历史中心，顺着昏暗狭窄的街道在高楼中间游走，抬头可以看见衣服从窗口晒出，耳边到处都是小轮摩托车的嗡嗡响，突然之间通道打开，你可以走向灰尘飞扬、阳光照耀的广场。有着朴实外观的教堂，展示出里面富丽堂皇的大理石内饰，闪着金银色的微光。建于 1224 年，拥有托马斯·阿奎那（Thomas Aquinas）等著名校友的大学，在城市的历史中心拥有一系列壮观的建筑。它还囊括了美丽的皇家矿物博物馆（始建于 1801 年），成排的玻璃面的木箱子里，存放着来自全世界的 25 000 枚标本。

我们正聊的时候，莫拉的同事走进办公室，从一堆书里拉出塞在里面的浓缩咖啡机。有人提到了罗德里克的那段话，所有的地质学家们开始聊起了颜色。以本地石材建造的城市通常也有其独特的色系。罗马是白色和红色——白色来自钙华，一种石灰岩；红色则来自砖块。佛罗伦萨是白色（大理石）、灰色（塞茵那石，

----

① 摘自译林出版社 1994 年版《一双蓝蓝的眼睛》第 22 章。

一种砂岩）和绿色（蛇纹岩）。那不勒斯是土灰色和砂黄色：维苏威岩浆、皮佩尔诺石和那不勒斯黄色凝灰岩。莫拉在一个团块状的灰色烟灰缸上把烟头按熄。"这个是岩浆做的，"他说，"来自埃特纳火山。"

伦敦的传统建筑石材（波特兰石、约克石）大部分在水下形成，那不勒斯的岩石则来自火。它们都是火成岩，始于火山喷发。从矿物博物馆的窗口望出，你能看到维苏威高耸的青色峰顶，它最后一次爆发是在 1944 年。莫拉和他的同事阿莱西奥·兰格拉（Alessio Langella）都住在西边，靠近之前说过的燃烧之地火山。兰格拉的房子位于红色区——火山活动风险最大的区域——事实是，他和莫拉似乎觉得这特别有趣。

公元 79 年维苏威爆发的时候，喷出暴烈黏稠的岩浆，还有炽热的浩大成团的火山灰。庞贝古城被厚达 6 米的火山灰掩埋，大部分居民丧命其中。跟莫拉和兰格拉一起走在那不勒斯中心，我一直在想这些火焰和硫黄味已经变得多么日常。只需庞贝一日游，你就能看到埋在灰烬里的著名尸体铸件，但在矿物博物馆里的是一系列活泼的纪念奖章，它们用上次爆发出的岩浆铸造而成，那不勒斯街上，居民们走过满是凹痕的深灰色维苏威岩浆板，做着日常的事。

在一个宁静的院子里，著名人物的半身像置于棕榈树间，我们停下来看一根风化的灰色皮佩尔诺石圆柱。莫拉说："这，就是地中海 20 多万年来最大火山爆发的产物。"坎帕阶熔结凝灰岩超级爆发，正是这次爆发创造了燃烧之地破火山口，还创造了独一无二的皮佩尔诺石，在世界上其他任何地方都没有。由浅灰色火山灰压缩，加上黑色的扁平火山岩烬（火山喷出的玄武质熔岩）形成的，也叫作 fiammae 的岩石，是非常坚硬、厚重的岩石，有时会用来作为建筑饰面——那不勒斯新耶稣教堂因此有一种冷峻的堡垒似的氛围——更通常用在建筑入口和装饰。有时，因为岩石切割的形状特别，fiammae 看起来像在建筑表面摇曳的小丛黑色火焰。

在通往大学北边的街上，我们穿过用粉砖和黄石点缀出菱形图案的罗马城墙，以及出土的几块砂色希腊式砌墙。几千年来，人们就在这里建筑房屋，一般用同样的石头：那不勒斯黄凝灰岩。跟伦敦南岸 20 亿年的古老非洲辉长岩相比，黄凝灰岩还很年轻，只有 15 000 年。跟皮佩尔诺石一样，它也是本地特产，也由火山灰压缩而成，但是较晚较小的火山喷发形成的。它还更软、更亮、更容易切割。这是一种很好的建筑石材，如果要抗风化的话，通常会在石头表面贴一层黄石膏，颜色也是呼应石头本身的砂色。石膏掉落的地方，凝灰岩呈现一种海绵样的外观，有很多看起来像气泡一样的小孔。靠近圣乔瓦尼马焦雷广场的一处，我轻轻用手指摸了摸露出来的砖块，它像沙堡一样易碎。沿着宏伟的教堂、宫殿，热闹的广场，你会注意到破损的砖石，满是涂鸦的墙面，正在因修复而无限期关闭的小礼拜堂。"保护那不勒斯最重要的问题是，"兰格拉说，"找到资金。"

葡萄酒制造商，比如北唐斯的丹比斯酒庄的怀特，曾说到风土条件的概念，这是一种假设：土壤、地势、当地气候综合起来给予这里的葡萄特殊的风味。西达尔告诉我，她也相信石头的风土条件，这个概念似乎很适合那不勒斯的建筑。伦敦的建筑者们得到处寻找石料，那不勒斯人则只需要往下挖，把凝灰岩从地下挖出，在地面上堆成房子、商店和公共建筑的形状。这种挖掘留下了一个庞大的隧道网络和大概 2000 个洞穴，似乎是在凝灰岩中的第二个城市。

莫拉带我去见了他以前的一个学生詹卢卡·米宁（Gianluca Minin），米宁正在开发一个叫作博尔博尼卡美术馆的地方，那里的大部分地区都是被抛弃的地下隧道复合体。那里之前是文艺复兴时期的水槽系统，之后是战后的垃圾堆，再之后是 20 世纪 70 年代的警车回收处，米宁把这个空间开放给公众作为一种奇异博物馆、艺术作品、音乐厅和冒险游乐场。我们行走在隧道里的时候，阿尔法·罗密欧跑车和伟士牌摩托车在黑暗中冒着隐约的微光，都被一层细细的粉尘包裹着，就像巴拉德（Ballard）小说里的东西——现代性之死的一个显现。"2005 年，政府派我来考察这里的洞穴，我直接就爱上了，就像爱一个女人一样爱上了这里。"米宁说，双手指向一处划出广阔的空间——那是那不勒斯人在"二战"时躲避空袭时的防空洞，"我想拯救这所有的空间，把这段历史好好留存。"

在《实用勘探杂志》上刊登的文章里，莫拉和兰格拉写到了对本地传统建筑材料使用率下降的担忧，比如黄凝灰岩[7]。这是个熟悉的故事。要保存那不勒斯附近的景观，附近的采石场就得关闭。莫拉和兰格拉支持有限的区域性开采，用侵入性更小的现代技术来提供做修复和重大建筑建设用的材料。在伦敦，西达尔也在担心建筑材料是从中国漂洋过海来的，而不是本地的石材，比如阿伯丁郡的。

靠近 Luigi Miraglia 广场处，兰格拉指着一根看着很新的灰色石柱，"岩浆做的，但不是本地的，"他失望地说，"是从埃特纳火山来的。"

离开那不勒斯之前，我回到了圣乔瓦尼广场，路过的一处教堂在靠近钟楼的地方，有小小的粉花束伸出墙外。广场上，穿着重靴子，带着金属孔环的学生们坐在铺路石上，聊天抽烟。岩浆被一代代的路人擦亮，有了一点玻璃质感，多少代人？多少年？而自滑铁卢站的石灰岩形成后，或曼德拉像底座的辉长岩之后又过了多少年呢？

坐在广场边的一家咖啡馆外，我看着自己的笔记。"罗德里克最早开始谈论地质学和建筑石材的关系，"莫拉的一位同事说，"而在那不勒斯，我们和建筑师、工程师建立了紧密的关系，一起来解决保护建筑衰败的问题。"

慢慢地，我察觉到很多人穿着白色的工装裤，三三两两进入了广场。他们在中间集合，把手写的横幅展开。还有人打开了摄像机。我走过去问发生什么事了。一位女士解释说："很多年前，欧盟曾拨出一大笔款项用于那不勒斯历史中心的修复。"我之后了解到，足足有 7500 万欧元[8]。人群中大部分是失业的艺术家和建筑修复者，他们又激动又焦躁。关于修复的延期有很多谣言：比如官僚主义的无能，或是与黑手党有点关系，也可能还有一些玩忽职守之类。他们现在想把公众的注意力吸引到这个项目中来，确保能实行。

"有很多很多工作要做。"这位女士说，弯腰捡起了她的标语，在我们头上挥舞。

盛夏的城市，阳光压在皮肤上，楼宇间充斥着浓浓热气，空气中飘满灰尘。新闻网站上有很多照片，是一些上班族在格林公园的干草地前排成一排。

　　我在网上读到，地质学家证实，在长达46亿年的地球历史上，有过很多不同的全球变暖期。如5500万年前，地球上有一场古新世-始新世极热事件（Paleocene-Eocene Thermal Maximum，PETM）。通过岩石研究发现，当时巨量的碳被释放到大气中，全球气温激增。"PETM事件灭绝了很多哺乳动物，"西达尔告诉我，"在那之后，哺乳类只能重新开始演化，所以要知道气候变暖对我们哺乳动物不是件好事。"十点新闻里有气候变化的抗议者在举着横幅：地球母亲需要你。这让我想起西达尔说过的一些话。我们可能需要地球，但46亿年的历史告诉我们，这颗星球并不需要智人："地球会重新调整，其他生物会出现，但不会是我们。"我也想起一位地质学家在1981年告诉迈克菲的话。迈克菲问他："生活在深时里对他有什么影响？"地质学家回答："你会不太关心文明，一半儿的我会为文明而遗憾，另一半儿不会。我会无所谓地觉得，不如让蟑螂接管地球好了。"[1]

　　目前我们所处的间冰期会在50 000年内结束。大量的温室气体排放似乎已经要提前终止这个阶段[2]。"我还小的时候，人们讨论的是下一个冰期会怎么到来。"马歇尔对我说，"如果你去看一下20世纪70年代的小说，会发现纽约冻得牢牢的。而现在的故事里，则总是发洪水。"

　　这种决定性的全球变暖只是科学家列出的证据之一，要说明的是我们现在正从梅加拉亚期转到人类世——这个新的地质年代单位，表示人类正在改变这个星球，包括长期且不断加速的全球地质过程，而且我们对地球的改变，足以在沉积物和冰上产生明确的地层学特征。在本书写作时，国际地层学委员会官方尚未认定人类世为一个地质年代单位，但英国地质调查局的科学家科林·沃特斯（Colin

Waters）写道："这不仅代表了先进的人类社会直接见证了一个新纪元的诞生，也是人类自身行为所致。[3]"

在哥本哈根，我问斯蒂芬森怎么看"人类世"，他说：

从科学上来说，所有前人类世阶段都可以这么理解：大量的连续事件不断积累，最终导向了一个改变的时刻，也就是区分地质单位的时间点。但你不能用这种方式来表达人类世。物理上当然是一样的，但变化背后的机制截然不同：这是一个可以自己做决定的、有意识的机制。人类世是唯一不能用客观无偏的科学因果来解释的时期，它是唯一由人类思维影响的时期。

除了全球变暖，人为影响地球的例子还包括全球碳氮循环的改变、物种灭绝的速度远高于背景值、侵蚀作用增强，以及 20 世纪中期的热核武器测试导致的人为放射性同位素水平激增[4]。从人类世的视角来看，人变成了一种地质力量，就跟坎帕阶的狂热的火山爆发，或者导致冰川周期的地球轨道变动一样的力量。

但成为一种地质力量是什么意思呢？其实，就像深时的浩渺无垠，这是你智力上可以理解，但情感上无法感知、不能切身体会的存在。芝加哥大学的历史学家迪佩什·查克拉巴蒂（Dipesh Chakrabarty）写过关于人类史的文章，他告诉我：

演化留给我们的一个问题是，大脑能帮助我们理解巨大、抽象的事件，但从现象学家们研究的体验层面来说，演化留下的则是你内在的时间意识和你身体的内在感知。这就是我们之所以能产生"我是谁"和"自我"的这些社会意识的原因。这极其重要，它给予我们生存的意义，而这是以个体生命和不可避免的死亡为基础的。我们的存在固定在这个短短的范围内，从现象学意义来说，是你无可逃避的，即使你在思考巨大尺度的、甚至会延续几百代的问题时也无可逃避。这也是为什么，当要做出政治抉择、制定政策时，人总是会以短期来衡量。我们会马上想这对我来说、对我的孩子来说有什么意义？

如果自我的感知能放大，如果我们可以感觉到——从内心觉得——事情处于深刻漫长的而不是浅显的时间尺度的话，也许打破目前的思考模式不会这么困难。现在我们总是从短期来思考，这也意味着，即便知道全球变暖，我们还是会开车去商店，乘飞机去国外旅行，从理性的角度想这些行为是说不过去的。

2015 年夏天，在写一篇关于人类世的文章时，我听了地层学人类世工作组的负责人扎拉斯维奇在泰特美术馆的演讲。他和建筑师、历史学家、哲学家、艺术家一起，共同参与人类世项目的会议。离开演讲台后，他很快就被一群艺术家和策展人包围，他们都想聊聊人类世。戴着黑框眼镜的男人和齐刘海的女人在讨论板块构造力，以及当代城市化的结构性无意识。我旁边的人说，他们更倾向于用"资本世"，这个词承认了发达和不发达国家贡献二氧化碳水平是不平等的。而"人类世"，暗指人类整体都对此负责，这是不公平的。该负责的是资本主义制度，或者全球经济秩序。

查克拉巴蒂也在会议上，他建议"从文化上来说，这个术语是把你，把人类的存在放在深远的时空背景中去。"在人类世，原本分开的历史被摆在一起。工业革命时期化石燃料的燃烧既是人类的历史也是地球的历史。人类历史上第一次，我们能有意识地把广阔的地质时间尺度的事件——比如气候系统的变化——和我们如今日常生活的行为，如化石燃料，联系在一起。他说："我们在经历一个可以称之为人类境况的深刻转变。"

人类境况的改变可能意味着，把我们自己想象为一种地质尺度的力量——一种能够改变冰期，或者制造第六次物种大灭绝事件的力量。可能也意味着进入一种新的神话般的空间，我们的日常行为，比如按下洗衣机开关、开车去购物、扔掉一个塑料的食物包装盒，都有宇宙层面上的重要性。而只过着我们的常规生活，就建立了一个新的地球。

*

混凝土是一种新的岩石。在地球 45 亿年历史中，从没有像混凝土这样的东西，现在我们已经造了 5000 亿吨混凝土，这足够给地球表面，包括陆地和海洋上的每公里都铺上 1 公斤。

扎拉斯维奇和我站在莱斯特大学校园中间，思考着人类世。"混凝土，"他解释说，"可以当成人类世的标志性沉积物，就像石炭纪和煤炭、白垩纪和白垩之间的标志性关系。克鲁岑和斯蒂芬还有其他人，都按照年代学、历史学或者人类可以观察的事件的视角来看人类世，但我们地质学家还得从未来地层会记录下什么的角度来看。"

扎拉斯维奇对研究的对象有一种温和的、非常有感染力的热情。他写道："未来，人类世的道德意义，可能会激发思考的转型，让我们更好地融入地球系统。"人类世这个地质时间单位有一天可能可以用来宣传"希望，不要绝望"[5]的理念。

除了领导人类世小组，他还在业余时间研究奥陶纪的笔石类化石，写一些很受欢迎的科普书和文章，主题从"一战"战场的地质学到玛丽·安宁，还有布丰。"我想到18、19世纪的博物学家们，他们那时候什么都是新鲜的。我们呢，我们是从乱七八糟中学到的，通过该死的教育学到的。"他说。对扎拉斯维奇来说，人类世是一个机会，可以重新审视我们眼前的一切，他说："比如我们看着建筑说，它们也是岩石循环的一部分。它们由岩石筑成，也会回归成岩石。它们会留下一份独特的记录。"

之后，在国王十字街站等待维多利亚线的时候，我从预制混凝土环的隧道往下遥望着地铁的车灯。通过人类世这块棱镜，一切都变了。这是我们的世界，但又不全是。是不属于我们世界的目光在穿过我们的世界。一个混凝土管车站变成一种新的岩石，一个管状通道，一种生物扰动的实例，即活的有机体对地层的干扰。某一天，这个隧道会变成轨迹化石，一个留在岩石流的标记，像恐龙的足迹一样，告诉我们这里曾有活物经过。

虽然尼罗鳄在冬眠期会藏到地下12米，在那里它们可以抵抗撒哈拉以南的恶劣生存环境，但正常情况下，挖洞挖得最深的是狼和狐狸，它们能往下挖到4米。据记载，喀拉哈里沙漠里植物根部可以长到68米。但是，由单一物种生成的超过5公里长的大规模岩石变动，在地球46亿年的历史上，这种地质上的创新是没有任何其他变动可以比拟的[6]。

在我们日光生活之下，还有一个微暗的灰色世界，由下水道、电气系统、地下铁路、核废料存储、矿物、水井和钻井组成。我们是唯一远离自己的领地、隧道、管线的物种，而这些隧道和管线扰乱了远古的、记录了地球广漠的深时历史的地层。这个朦胧的第二世界，也许会比我们日光下的世界存活得久得多。扎拉斯维奇和他的同事这样描写这些地下结构："远离我们伸手可及之处，也远离侵蚀的存在，比地上的人造建筑有更多的机会保存下来，至少是短期到中期的保存。"如果地下建筑处于被板块构造力拱起的位置，最终它们也会破土而出，也会被侵蚀，尽管一两公里的深度往往意味着这在百万或者千万年内可能不会发生。在稳定或者下降的地壳里的建筑，到了地壳下面当然会保存得更久，甚至是永久。[7]

人类的生物扰动也被视为扎拉斯维奇他们所说的"技术圈"。实际上的技术圈是"当代人类行为的总物质输出[8]"，一部分是可能变成"技术化石"的东西——人工制品的化石痕迹。旧石器时代的燧石斧可能变成技术化石，那么地铁、公路、发电站、圆珠笔和牙刷也一样可能。

扎拉斯维奇很兴奋："我们想搞清楚的一件事是，技术化石的多样性到底有多大？有人数过吗，人类生产过多少种不同的牙刷？"目前的答案是：不知道。但扎拉斯维奇用谷歌算了一下，自出版出现以来，大概有1300万种独立的书籍。"每年光是美国就会有100万种新书。"他写道："每一本都有独特的印刷文字、维度和纹理图案，都可以算作一个生物制品，一个形态上的实体。[9]"这跟我们根据尺寸和壳的图案来确认菊石差不多，只是就生态种来说，很多信息必然会在这个过程中丢失。扎拉斯维奇期盼书籍能留存下来，如果真的发生的话，作为"矩形的碳化物质，以尺寸、相关维度和表面纹理的细微变化分类，印制信息的破碎细节也罕有能保存下来的，就像一些远古化石里意外保存下来的DNA的残缺细节一样"。

*

假设我们正处在人类世的话，它是从哪里开始的呢？

根据地层学人类世小组的要求，任何提交的资料都需要有清晰的标志性信号来说明：人类对行星尺度上关键的物理、化学、生物过程产生了转化性影响，这种影响是同时发生，且第一次出现。

保罗·克鲁岑（Paul Crutzen）认为可以以1784年作为开端，这是瓦特发明蒸汽机的时间，也是工业革命相关的二氧化碳排放显著增加的开始[10]。其他的建议还有，以新石器时期农业的扩张和家畜养殖，或者公元前1400年采矿业的发展为开端。（用这些事件作为开端的困难在于，这些事在地球上不同的地点发生的时间有天渊之别。）马克·马斯林（Mark Maslin）和西蒙·路易斯（Simon Lewis）的一篇文章建议从 1610 年开始，那时全球二氧化碳水平有明显下降[11]。他们把这个归结于欧洲人踏上美洲，导致了 5000 万原住民的死亡。荒废的农田被新的森林取代，二氧化碳水平开始下降。

2019 年，人类世小组把目标定在 20 世纪中期。这是以"大加速"为起点——人类人口猛增，资源消耗加剧，全球贸易和技术变革兴起。一位科学家的抽样调查显示，这段时间之后的湖泊沉积物，可望跟梅加拉亚期完全不同。新的结果可能会包括"前所未见的多种塑料类别、粉煤灰（一种化石燃料的副产品）、放射性核素、金属、杀虫剂、活性氮和温室气体浓度升高的后果"[12]。

另外，化石记录的变化也会很明显——有机体的消失，或者某种生物突然在世界的另外一端出现（如人类移动）。人类世小组成员以 29:4 的比例投票正式认定了人类世作为开始于 20 世纪中期的一个地层时间单位。目前他们在寻找一个合适的金钉子来标识 20 世纪中期。他们的发现将会提交至第四纪专门委员会，如果被批准的话，再提交至国际地层学会。

至于它在国际地层学会获得通过的可能性有多大，扎拉斯维奇回答得很谨慎："这是一个很保守的组织，但现在我们问出了正确的问题……我的个人观点是，我们毫无疑问进入了人类世。"

*

地质学界里不是每个人都这么确信。"人类世？这个时代还不够古老，不是我关心的范围。"英国地质调查局的沉积学家罗曼·格雷汉姆告诉我，"这个问题属于地理学，不是地质学。"

"如果这能让每个人都意识到我们极大地影响了环境，从而可以多点改善，那也不是坏事。"安德鲁·法兰特说，"但我觉得这是媒体抓住一个词过度渲染造出来的概念，比它本来的影响要大得多。如果有人在侏罗纪里的托尔阶和其他阶之间找出一个新的阶来，除了地层学家，没人会注意的。"

同时，ICS 的前主席斯坦·芬利（Stan Finney）并不赞成人类世，他说："其他有机体也曾对地球有过更深远、更长期的影响，但并没有成为一个地层时间单位。从泥盆纪到二叠纪早期的维管陆生植物的演化，和它们在不同大陆上的扩张生长，也剧烈地改变了大气和海洋中二氧化碳和氧气的含量，这种影响比人类预期的更大。"芬利在对人类世小组的反驳意见中写道[13]："把人类世设立成正式的地层单位的欲望只是一种人类中心主义？[14]"

扎拉斯维奇比吉伯德晚两年到谢菲尔德大学，虽然那时他们互相不认识，之后在东安格利亚冰原工作中才见面，并成为朋友。作为第四纪地层委员会的主席，吉伯德要求扎拉斯维奇设立了工作组，但他仍然担心"人类世这事儿"，他告诉我："我从未想过自己会是踩刹车的人，但我确实觉得应该'慢慢来'……当然是已经有了很多人类造成的改变——当环保游说团体说我们是地球上的瘟疫时我都似乎同意——但这就必须把地层图给改了吗？"吉伯德担心，地质学家们在讲述故事的过程中失控了，复杂的科学被误解了："在很多方面，这确实像是恐龙故事又来一遍，整件事都被简化成岩石从天而降，如此等等。"

克鲁岑自己并不是地质学家，他认为人类世的概念从根本上说是一个跨学科的概念，人类世小组主要是由地质学家组成，也包括了环境学家、考古学家、哲学家、律师和历史学家。这让吉伯德——也是小组的一员——十分焦虑。其他人在自己的学科里，如果对他们有实际意义都没问题，想怎么用人类世这个词都没关系。但我们地质学家是否要定义人类世，并把它加到地层图中去，只取决于它对地质学的用处。显然，人类世的问题让地层学的日常工作颠倒了过来。传统上来说，地质学家研究一块岩石，然后发掘出一部分地球历史事件。但到了人类世这个问题，事件都是已知的，通过人类的观察记录在案，而地质学家被要求寻找岩石证据。

吉伯德曾写道："像马斯林和路易斯在梅加拉亚争论中所称的那样，是人类活动的特征给全新世打上了新的标记，和其他之前的间冰期区别开来。[15]"但他和地理学家得出不同的结论。"从地质学家的角度来看，我会说你不能一张牌出两次，也就是说，设立全新世的原因即智人的存在和活动，不能再用来定义人类世。"他告诉我。

扎拉斯维奇的回应是，在全新世的正式定义中，这种关系并没有描述清楚，人类也是晚更新世地球的一部分——也就是在全新世以前就已经是——而且在任何情况下，关键点都"不是随便什么人类的影响，而是全新世和人类世中的根本性不同，这些不同都被记录在相应的地层特征中的，在规模和速度上都是全球同步的。[16]"从地质学角度来看，这种转变过程的驱动者即便不是人类，比如说，如果是猫的话，人类世仍然会是明显不同的。

剑桥大学的埃里克·沃尔夫（Eric Wolff）表示："更明智的方法可能是，把我们自己坚定地放在朝向人类世的过渡期，让未来的人们去下定义，当新纪元真的开始或者现在就已经开始了[17]，未来的人们会看得更清楚。"吉伯德也表示同意："从各方面说，我们都离这些事件太近了，无法从地质学角度来有效讨论。连全新世都很短。它 11 700 年前才开始，这实在不算什么事，只是很短的时期，眨眼间。从地质学上看，45 年前仍然是'现在'。"

*

2000 年，克鲁岑第一次使用了"人类世"这个概念，把它作为一个新的地球历史的特定单位。到 2017 年年末，有 1300 多篇科学论文使用了"人类世"这个词，它的总引用量达到了 12 000 次以上。[18] 至少 4 份科学杂志因此创立，100 多本书的标题中用到这个词。当我 2014 年开始阅读人类世时，只有少数几个人遇到过这个词，而现在大家至少会点头表示听过。这个词以超级速度传播开去，从科学到人文社科到艺术，甚至成为摄影、诗歌、Pinterest 的时尚板块，歌剧、死亡金属专辑的主题，甚至尼克·凯夫（Nick Cave[①]）还写了一首关于它的歌。

到底是什么让人类世的故事这么引人入胜？当然在环保议题越来越广泛被认可，甚至在政治上有共鸣的时代，它给予了我们一幅扣人心弦的视野，让我们意识到人类对这个星球的影响之重大。而且它也适时地把星球性灾难和近在咫尺的物种灭绝的危险这类故事集合起来，并给它们盖棺定论。（当然也要知道，科学家们并不想把人类世描述成绝对的负面，这也不是他们的工作。）但人类世让人着迷还有别的原因吗？

《圣经》的字面解释里把人类置于创造的中心。16 世纪，哥白尼指出是地球

---

① 澳大利亚著名摇滚歌手、词曲作者、编剧、演员。音乐风格多样，早期多为暗黑、阴郁的哥特风格，后期转为宁静伤感。

围绕着太阳转，而不是相反，这就把人类从空间的中心拽开。19世纪，达尔文在莱伊尔关于地球年龄的工作基础上，告诉我们，人类并不是创造之树的顶点，仅仅只是和其他分枝一样的一个旁枝。再之后，阿瑟·霍姆斯和其他人继续向我们展示，在广袤的深时中，智人只是多么微弱的一丝光。

从单一角度来看，人类世的概念又把人类放在了世界的中心——几百年来，我们一直毫不质疑地认为我们就在中心。而且我们显然觉得这非常有吸引力，即便这种回归的代价是环境灾难。

此地不是荣耀之地

不纪念任何英雄事迹

没有任何有价值之物

是于人危险，遭人憎恶之所

本条信息为危险警告

——桑迪亚国家实验室报告

"防止人类误闯放射性废料隔离试验场之标识的专家意见"

芬兰西海岸，1月中旬的小镇劳马。早晨 6 点，外面还黑着，但我脸贴着窗户可以看到旅馆外的广场上雪花飘落、堆积。前一天晚上，TVO（Teollisuuden Voima Oyj）核能公司的通信部主管帕西·图希马（Pasi Tuohimaa）带我四处逛了逛。图希马在这里长大，又搬到赫尔辛基，成了记者和电视节目主持人，然后又转行做起公关。这个行业薪资更高，但工作日需要住在劳马，周末可以回赫尔辛基同家人相聚。他似乎没有多少朋友留在劳马，有点孤单。我们走在空荡荡的街上，他把曾经上过的学校，玩过的冰球场，他的乐队排练过的地下室都指给我看。我告诉他我特别喜欢芬兰导演阿基·考里斯马基（Aki Kaurismäki），他做了个鬼脸。所有的外国记者都想聊聊考里斯马基，但他并不能很好地代表芬兰。

劳马大概有 34 000 人，以蕾丝制作和彩色木屋著称。这里离奥尔基洛托岛只有 4 公里，芬兰的 5 座核电站有 3 座在那个岛上。我来这里想参观的地方是深入芬兰地下 450 米基岩里的洞穴和隧道网络：昂加洛核废料存储库，它也在这座岛上。

我到的这天早上，旅馆的自助早餐吧里挤满了前往奥尔基洛托岛的建筑工人和工程师。穿着荧光色裤子的男人们互相帮着拿走一盘盘炒蛋和黑面包。我问旅店的前台，离小岛这么近，她有没有觉得不便？她耸耸肩，摇头。"很正常。"她说。

但是昂加洛这个词是"洞穴"或"孔洞"的意思，并不常见。这是为深时，而不是为人类设计的。建造它的人说，它可以存续 10 万年。到目前为止，还没有人造建筑存在过这么久。（最古老的埃及金字塔也只有 4800 年，狮身人面像只有 4500 年。）在深时中，10 万年足够让世界发生翻天覆地的变化。10 万年前，欧洲还在冰期，现代人类还没有出现在大陆，猛犸象和长毛的犀牛在这里咆哮。10 万年后我们会在哪里呢？

昂加洛是世界上第一个高能核废料的地质处置场所——那些核废料非常强大，必须与人类隔离至少 10 万年——有人说需要 100 万年——直到放射性水平减弱到不再危险。如果一切按计划进行，我们死后它还会继续存在。人造物会前往深远的未来，昂加洛很可能是我们的遗产。

*

昂加洛建在一块种满松树的平坦土地上，三面都被波罗的海围绕，另外一面有一条小水渠把这个小岛和主岛区分开来。出租车沿着一条松树间的窄路行驶，道路突然开阔起来，出现一座玻璃墙面的游客中心。天仍然很黑，一阵强风把雪花从屋顶和树枝上吹落。黑暗水渠另一边远远的地方，核电站的光在闪烁。

明亮的游客中心是开放的，也是荒凉的——我约好了在这里采访泊西瓦公司的资深副总裁蒂纳·亚洛宁（Tiina Jalonen），泊西瓦是由 TVO 和富腾公司共同投资来管理核废料处置的公司。因为担心迟到，我反而到得太早了。为了打发时间，我四处转了转，大厅里有一个有黑眼圈的、动画版的爱因斯坦在做核能科普。

我们每天都暴露在辐射中。据英国公共卫生部估计，平均每个英国人每年从自然界和人工辐射源中会受到 2.7 毫西弗的辐射。比如，乘一趟飞往美洲的航班，会接受到 0.08 毫西弗；拍一次牙科 X 光片，0.005 毫西弗；吃 100 克巴西坚果，0.01 毫西弗[1]。平均来说，美国人受到的辐射比英国人多，部分是因为他们更经常做医学扫描。在核电站，核裂变——放射性铀或钚的原子分裂的过程——被用来把水加热，产生蒸汽，驱动涡轮。在奥尔基洛托核电站，这个过程会产生核废料，也就是用过的燃料，包括封在燃料棒锆合金管里的深棕色氧化铀陶芯。单独一个铀燃料芯块差不多只有一个小指甲那么大，4个芯块就足够供一个纯用电的四口之家一年生存所需的电量。

关于辐射的危害，科普表达是相当谨慎的。你能感觉核工业并没有太正面的形象。站在没有防护的辐射源前面，你看不到也感觉不到任何异样，但是这些辐射会穿透你的身体。核废料十分危险，因为它仍以阿尔法（α）和贝塔（β）离子以及伽马（γ）射线的形式发出电离辐射。阿尔法离子很弱，尚不能穿透皮肤，贝塔离子能造成灼伤。如果不小心摄入，这两种离子都会损伤人体组织和器官。

而伽马射线，穿透力最强，因此可能会对人体细胞里的脱氧核糖核酸（DNA）造成最广泛的伤害。这种损伤会导致此后的癌症风险增加，它也是一系列称为辐射病的症状的主要原因。一些专家估计，1西弗的辐射量就足以导致辐射病，症状包括恶心、呕吐、水疱、溃疡。这些症状会在暴露后几分钟或几天内出现；也可能会恢复，但辐射量越高，恢复可能性越低。一般来说，由骨髓受损引发的内出血和感染会最终导致死亡。[2]

核能研究者们把用过的燃料描述成"核电的致命要害"。[3]这是我们共同的问题——不管对核能是赞成、反对或者中立——因为即便明天世界上所有的核电站都停止运行，我们仍有超过24万吨的核废料要处理。这个数字显然还在增加中，尤其是新的核电站，比如投入使用的英国的欣克利角C核电站，以及核能也越来越被视为减少碳排放的方式。英国的核能停运机构预计，到2125年，英国自己会产生1500立方米的已用核燃料。

现在所有的核废料都存在近地面的地下或干或湿的临时储存设施里。这从来不是一个可接受的长期方案。过去，处理核废料的方案包括发射到太空中，埋到深海沉积物中，甚至让人难以置信地丢到地壳板块的缝隙中去。也有一些人考虑钻很深的井孔，但是根据经合组织核能署（Nuclear Energy Agency，NEA）放射性废弃物管理和停用部门负责人丽贝卡·塔德赛（Rebecca Tadesse）所说："国际上已经认可了地质处置为科学上的最佳方案。"在本书写作时，瑞典核燃料和废料管理公司（Swedish Nuclear Fuel and Waste Management Company，SKB）已经完成了它们处理场址的许可过程的第一部分。法国国家放射性废弃物管理局(French National Radioactive Waste Management Agency)也形成了一份自己的储存库 Cigeo 的方案。英国、加拿大、德国、瑞士和日本，都在寻找合适的场地，美国还在继续讨论是否能把内华达尤卡山作为潜在处置地。

在游客中心，虽然下着雪，亚洛宁出来的时候还是穿着细高跟鞋。她坐下来，告诉我："我认为生产出了核废料的这代人应该自己处置。我们不能把这些留给孩子们。"

储存设施的地上部分，还需要几百上千年的持续监控。除了固定的整修，它们还需要防备地震、火灾、洪水、来自恐怖分子或者敌国的蓄意攻击。这不仅给我们的后辈造成了财务上的负担，他们甚至可能都不会用核能，也意味着未来必须一直有人懂得相关知识，并监控这些废料。在 10 万年的时间尺度内，很难保证这一定可行。"地面上的情况，我们并不总是控制得住。"

不是每个人都赞同这种评估。之前为绿色和平组织做过核相关工作的彼得·罗谢(Peter Roche)，目前在当地政府组织"无核"(Nuclear Free Local Authorities)做政策顾问。去芬兰之前，我们在电话里聊了一下，他表达了对一些反核能运动的担心："让我们担心的是不确定性。"你真的能知道一种特定材料在未来 10 万年里在一个特定的地点会发生什么吗？"如果最后你就把它们放到一个深洞里，它开始渗漏，那你就给未来世代留下一副他们无能为力的烂摊子。"

其他人，比如，帝国理工学院的分子病理学主任格里·托马斯(Gerry Thomas)，就持保留意见。不是因为他们觉得地质处置设施不安全，而是他们相信，这些废料未来可能会有别的用处。"把还可能使用的非碳燃料埋起来，这真的好吗？如果只是把它们放到洞里就不管了，那还可以理解，当然这也让我们感觉更好点。但科学上来说，这是不是丢弃了未来的能源才是大问题。"

她的评论让我想到，这种把废物埋在看不见的地下的欲望，本质上有没有一点心理学上的原因？对托马斯来说，一个反复告诉记者辐射不可怕的女人，也是一种公关上的自噬，"我知道他们为什么要这么做，因为所有人都害怕辐射，但实际上他们正在持续加深这种恐惧。"核工业一直努力想摆脱它始于军事力量的这种神秘、暧昧的印记。对我们很多人来说，核仍然是广岛、长崎、切尔诺贝利，仍然是哥斯拉和绿巨人。托马斯成长于 20 世纪 60 年代，她接受的教育就是害怕原子弹爆炸，因为这些看不见摸不着的幽灵般的物质会杀死人类。"我们把辐射打造成了可怕的死亡幽灵，其实它不是。我们作为社会整体，不能如此感情用事地对待它。"托马斯说。

*

穿过松树林，再穿过一排黄色、灰色、蓝色的小屋，你就到了岛的中心。在这里，灰色的岩石龟裂，车道沿着高而崎岖的侧壁一路向下，进入一扇嵌在岩石里的金属闸门。这是昂加洛的入口。

外人只能通过官方游览才能进入此地，比如一场媒体活动。我们此行一共 5 人——3 位作家、2 位摄影师。图希马给我们发了手电筒、氧气罐，口头告诫我们不可以拍摄入口。"安全要求。"他说。也因为安全原因，这次游览会有一位长着大胡子，不苟言笑的沉默保安全程陪同。

我们乘坐一辆小巴继续往下，花了 20 分钟才达到入口隧道。有序排列的路灯闪着微暗的光。电缆和管道在隧道顶上蜿蜒。墙上用荧光颜料涂着看不懂的符号。我想起在网上研究过的图，巨大的入口隧道一层层盘旋向下，像一座慵懒的旋转楼梯。这天是工作日，但在游览中，我们根本看不到人影——只有一次，两个穿着荧光工作装的人站在隧道拐入黑暗的岔口，瞟了一眼我们晃过的车灯。

最后我们下了小巴，一切都很安静，除了一阵嗡嗡声，可能是照明或者通风系统的声音。现在我们站在地下 420 米处计划中的处置层，在这个深度，致密不可渗透的岩石最为坚固，不会断裂。我走到隧道壁边，那里是无限的、无法想象的古老。这块变质岩是 19 亿年前因为极端的热量和压力，从更为古老的沉积岩和火山岩里形成的混合片麻岩，呈灰色，且压出白边，如果你靠近点看，在正确的角度下，它在发光。

我站在那里，其他人走到旁边去看一个测试孔。没有人在身边，只有一个巨大的无人挖掘机，从黑暗中阴森森地赫然出现，像是一种深渊里的造物。我感到猛地可怕一滑，在这没有时间感的地下黑暗中，仿佛轻易地滑入了百年或者千年之后，目之所及是昂加洛的残骸，而不是昂加洛本身。

我想到了所有在这里工作的人，工程师、建筑工人、科学家、通信部员工、管理者、薪资经理。人类世的问题可以理解成，让人们看顾一个自己或自己的子孙有生之年都不会看到的世界。在昂加洛工作的人，就像中世纪建筑工人的世俗版本，他们一代代地持续修建着欧洲最伟大的天主教堂，非常清楚自己此生不可能看到它完工。

如果一切顺利，最后的处置过程是这样的：用过的燃料棒从核反应堆中收回，在临时存储设施中冷却几十年。这期间，温度和辐射水平都会下降。然后，燃料棒捆成束，放入一米厚的铸铁罐中，选用铸铁是因其高强度和耐压性[4]。核废料放到地下之后，对公众健康的主要威胁就来自水污染。如果放射性物质泄漏到流水中，就会相对迅速地从基岩流入土壤和其他湖河类的大型水体，最后通过植物、鱼类和其他动物进入食物链[5]。为了防止这种可能，铸铁罐会被放在 5 厘米厚的铜罐里，铜罐是用来防止水下侵蚀的。（天然铜矿已经显示铜能在基岩中持续成百甚至几千年不被腐蚀。）这些罐子最后被置入膨润土填充的圆柱形洞中。膨润土遇水会膨胀、凝固，这是为了防止岩石活动影响罐体。这种"凝结"效应你应该见过：膨润土常常被用来做猫砂。这种黏土可以阻止水分到达罐体，如果罐体有泄漏，也能阻止放射性物质渗入岩石。岩石本身因为致密不可穿透，则是更好的屏障。

在这个计划的示意图中，完工的隧道看起来像一些烤肉架，每一条隧道作为烤肉架的一格。核废料的处置原计划于 2020 年开始，并持续 100 年左右。2120年会完成最后的存储，2800 个罐子将被置于 60~70 公里的隧道内。包含 9000 吨用过的燃料——差不多足够填满两个奥林匹克游泳池。很显然，现在在此工作的人，没有一个会活到那时候。

昂加洛之旅结束后第二天，我去拜访了芬兰放射物和核安全部（the Finnish Radiation and Nuclear Safety Authority, STUK）废料和材料管理部门的主任尤西·海诺宁（Jussi Heinonen）。我提到了罗谢关于技术知识很有限的担忧，海诺宁点头，叹气说："确实，用过的核燃料有长期的危害，但是关于这些危害会如何变化，我们可能不能解释得那么清楚。"放射性水平呈指数型下降，最开始 1000 年是最重要的阶段。"人们问我们，你怎么知道这些材料在几万年里会怎么样？当然我们得虚心回答，不能说我们什么都知道。但是第一个千年是最重要的，关于这个短期内会发生什么，我们比较有信心。"

与亚洛宁一样，他相信总会有抛弃临时存储设施的那一天。"用临时存储的话，你就得指望芬兰社会中总有某类人或机构，会在未来几百年内继续看好这些废料。这不是我们可以依赖的方法。"

*

昂加洛之后，我去了巴黎拜访 NEA 和 Andra，还有法国东北乡村的默兹／上马恩区域，去看法国计划的核废料处置地。

核废料的安全性取决于它与人类和其他物体的隔离程度。地质处置的优势在于它被设计成被动系统，就是说，如果昂加洛或者 Cigeo 被永久封存，以后是不再需要维修或监控的。至于人类侵入的风险，无论是有意还是无意的，都更难预计。想象一下，如果几百或者几千年后，所有关于核废料处置的知识都遗失了。一个社会，已经忘了放射性科学。再想象一下，有一天某人在森林地表发现了一块奇怪的埋起来的混凝土板……我们怎么能保证那时的人类不把东西挖出来，然后像科幻电影里那样惨烈地死去？

"或者如果有人正好挖到了处置点附近呢？"Andra 的让 - 诺埃尔杜蒙（Jean-Noël Dumont）问到。这种洞可能会让流水进入，然后接触核废料。据杜蒙所说，Andra 的安全性研究已经考虑过这种情形，任何环境冲击都是"可接受的"，而"没冲击当然最好"。

但是，如何保证我们的后代——假设 10 000 年后，100 000 年后仍然有人类存在——知道埋在昂加洛和 Cigeo 或其他计划中的处置点下面的核废料的危险性呢？

"所有国家都在思考把核废料处置点信息传达给未来世代的最好办法。"塔德塞说。但法国的存储计划，是视觉上最明显、最先进的。杜蒙就负责这个部门，而他的基础假设是：这个信息应该至少保存 100 万年。"据我所知，我们的同行就核废料处置制定了非常细致的方案。"他告诉我。这个方案有 3 个必要的原因：首先，为了避免人类侵入，需要告知未来世代关于 Cigeo 的存在及其内容；其次，给未来世代提供足够的信息，让他们自己做出关于核废料的决定（比如，如果托马斯估计得对，很多存起来的核废料某一天是可以作为重要燃料资源使用的）；最后，文化遗产——一份适当的地质处置记录，对未来的考古学家来说这将是一份信息宝库。"不仅有来自过去的物品，还附随一份庞大的产品制造过程详述，以及它们的渊源，甚至我们对其的各种考虑，等等——而你可以同时拥有所有这一切。还有其他地方或其他系统是这样的吗，我是没听说过。"杜蒙说。

存储计划的历史——关于存储计划的记录——可以追溯到20世纪80年代的美国。那时美国能源部创立了人为干预特别行动组（Human Interference Task Force，HITF）来调查核废料处置和人类侵入的问题[6]。怎么才能最好地避免人类进入处置点，或者直接与废料接触，或者破坏处置点导致环境的放射性污染呢？接下来的15年，大量不同的专家都参与进来，包括材料学家、人类学家、建筑师、考古学家、哲学家和符号学者——研究符号、象征及其使用和解读的社会学家。

关于人为干预特别行动组的问题，产生了很多建议，有些听起来更像科幻而不是科学。斯坦尼斯拉夫·莱姆（Stanisław Lem，一位科幻作家）建议，把存储点的警告信息编码在一些植物的DNA里，然后种植这些植物。生物学家弗朗索瓦·巴斯蒂德（Françoise Bastide）和符号学家保罗·法布里（Paolo Fabbri）开发一种叫作"发光猫"的方案——基因改造过的猫，在有辐射的地方会发光[7]。

除了技术挑战和伦理问题外，这些建议都有一个重大的缺点：需要依靠其他外在的不可控因素才能成功。就植物来说，你得假设我们的后代有技术可以解读编码的DNA，他们还要在一个特定的地点给这种特定的植物专门采样。至于猫，也得预期未来的人们知道一只发光的猫意味着什么——也许通过历史记录或者什么传奇神话得知。而怎么保证这些都实现呢？

同时，符号学家托马斯·西比奥克（Thomas Sebeok）推荐了"原子教士"的创想。这个教士团的成员们会保存废料处置点的信息，并告知给新加入的成员，保证信息世代相传。从某种程度上来说，这跟我们目前的原子科学体系也没有什么不同，就像一位资深科学家把知识传授给一位博士生。但把这些知识以及由此而来的能力传给更小的精英团体仍然是一种风险很高的策略，因为它很容易被滥用，感觉到了某一时刻，这种知识会不可避免地被用来对付本应受到保护的人。

也许，警告后世更好的方式是直接告诉他们，而不是原子教士这些信息传递的方式。在巴黎城外的 Andra 总部，杜蒙给我看了一个盒子。里面是塑料盒内装着的两张光盘，每一张直径 20 厘米。这是杜蒙的前辈帕特里克·查顿（Patrick Charton）的发明，每一张光盘都由透明的工业蓝宝石做成，上面用铂金刻着信息。

常规书写和微缩书写加起来，每一张光盘上可以刻上 600 个档案盒或者 40 万张 A4 纸的信息。在这样一张光盘上，你可以保存杜蒙称为关键信息文档的资料，大概 40 页的重要信息，就是把废料和处置点告诉未来世代。"最后一部分是国际化章节，提供全球核废料处置点信息，可以组成一个国际网络。"杜蒙说。无意中发现了 Cigeo 的人也会知道昂加洛和其他地方尚未建成的处置点。每一张光盘都耗资 25 000 欧元，蓝宝石（因其持久性、抗风化、抗磨损特性而选择）可以存续至少 200 万年——虽然其中一张已经有条裂缝，那是开放日时一位笨拙游客的大作。

长期来看，这些计划也有重大的缺陷：我们怎么知道 100 万年后的人类会懂得现在的语言？

就想象现代英语和古英语的差异好了，没有专门的学习，谁能明白 "Đunor cymð of hætan & of wætan?" 意思是 "雷自热量和水分中形成"。这只是 1000 年前的语言，但对英伦群岛上的人们来说已经是天书了[8]。

语言会天然地消失。4000 多年前的印度河流域，也就是现在的巴基斯坦和印度西北部，人们写下的字迹，现代的研究者们仍然无法辨识[9]。100 万年后，任何现在还在讲的语言都不太可能仍然存在。

20 世纪早期，在美国政府的另一倡导下，建筑理论学者迈克尔·布里尔（Michael Brill）绕开语言，想象了一种震慑性的"非天然的、不吉利的、让人恶心的"造型，由锯齿状闪电球构成的巨大恐吓式的大地艺术品，旨在表达"……以刺或钉这种伤态……危害身体"。任何冒险闯入这个复合体的人都会发现一系列警示性立石，以不同语言和基本象形符号写明放射性废料的危险——即便读不懂这些信息，这个造型本身也应该足以作为警告。为了帮助传达危险信息，也应该有表达人类脸部震惊和恐惧表情的雕刻。其中一个想法是以爱德华·蒙克（Edvard Munch）的《呐喊》（The Scream）[10] 为基础制作。

Andra 聘请的符号学家弗洛里安·布朗凯（Florian Blanquer）在做一个放射性废弃物处置的博士项目，他研究了这个想法。"布里尔利用恐惧的想法很有道理，"他告诉我："因为情绪是世界共通的。地球上每一个人，除掉病理学因素，都有恐惧感、憎恶感，等等。"问题在于，这种造型——一个奇怪的，让人不安的造物——很可能会吸引人而不是劝退游客。我们是探险者。我们被征服禁地所吸引。想想南极洲，想想珠穆朗玛峰。或者仅仅想想 20 世纪欧洲的考古学家，不管埃及国王的墓上刻着多可怕的警告和诅咒，他们仍旧欣然地打开了墓穴，甚至场面并没有多肃穆。

布里尔的这些设计，利用了文化中对辐射的恐惧，这是保护处置地的一种常用策略。"20 世纪的最后那几年，想法主要是利用恐惧，或者防止人们乱挖或者去触碰那些场地。"杜蒙说，"不过现在，我们的想法倾向于传达信息和知识。"

一种办法是口头的，一代代传下去。为了研究这种方式，杜蒙要求工作人员通过研究 17 世纪连接地中海和大西洋的米迪运河的建造和维护的案例，来考察口头传承的历史。在这里，300 多年来，同一个家族世代修护运河，从父到子地把记忆传下来。杜蒙也谈到需要保证 Cigeo 有尽可能多的人。（从统计学上说，越多人知道处置点，这份记忆越可能被保留。）作为这个策略的一部分，还增加了游客中心和招待记者采访。过去 3 年，Andra 举行了一场比赛，让艺术家们设计这个场地的标识。在游客中心就可以看到一些设计的模型。"艺术家们提供了新的想法和见解。让你大开眼界。"杜蒙说。

2016 年的获奖设计《新邻》（Les Nouveaux Voisins），设计师想要建造 80 座 30 米高的混凝土石柱，每一座上面种一颗橡树。年复一年，石柱会慢慢下沉，橡树会取代他们的位置，地上和地下都会有有形的踪迹。

所有这些都表明，跟未来沟通是很困难的。我的一个朋友曾主持过一个儿童科学工作室，让小朋友们想想核废料存储的标识。"孩子们讨厌这个。"她写道，"我们收到了用红色蜡笔画的'滚开'，之后放弃了这个项目。"对 10 岁的孩子来说，周末或者下课都还有无限远，千万年又意味着什么呢？符号学家、语言学家、考古学家、材料学家们从 1983 年开始考虑这个问题，而他们现在仍在继续。"滚开"其实是很合理的反应。

法国东北部，我驱车前往布尔村，沿路有时是斑驳的绿色，有时是黄绿色的树林，有时是青绿色的麦田。布尔是一座以政厅为中心建造的石灰岩小村，是离 Cigeo 最近的居民点，村里居民有大概 90 位，大部分是老年人。"年轻人要学习和找工作，不会待在这里。"伯努瓦·雅克（Benoît Jaquet）告诉我。一个能养活十位农夫的村子，现在只生活了两三个人。雅克是地方信息和监测委员会（Comité Local d'Information et de Suivi，CLIS）的秘书长，委员会总部设在村中间的一个老公共洗衣房。CLIS 是由当地选出的官员、工会代表、专业团体和环境组织共同组成的一个机构。机构目的是给本地居民提供 Cigeo 的信息，主持公共会议，监控 Andra 的工作，比如，任命独立专家审核机构的工作。

处置点建成后，法国法律要求 CLIS 转成本地的委员会，只要处置点存在，委员会就得一直在。如果委员会成员退休或离职，新成员会就位。"这也是传接指挥棒的一种方法。"雅克说，"只要有本地的委员会，就会有记忆，不是 Andra 的记忆，而是外部的记忆。"

同时，Andra 也设立了三个区域的"记忆"团队，每一个都由 20 个左右感兴趣的当地人组成。他们每 6 个月碰一次头，分享自己关于保存和传递处置点信息的建议。目前建议包括：收集和保存口头见证者口述，安装记忆石碑，标明场地的主题和关键词；在场地做周年纪念活动，由当地人组织当地人参与——一个放射性五月柱仪式（maypole ceremony①），或者核能敲地界（beating the bounds②）传统活动。

最后一个想法得到了 NEA 前任研究者克劳迪奥·佩斯卡托（Claudio Pescatore）和克莱尔·迈斯（Claire Mays）的响应，他们写道："不要隐藏这些设施，不要把他们分开，把它们作为社会的一部分……属于当地社会结构的一部分。"他

---

① 欧洲传统节日。通常是在每年 5 月 1 日或五旬节举行，每个国家风俗不同，有的会立起树干，绑上花环，有的是立起一根细长杆子，交织着绑上彩色丝带，人们围绕杆子跳起传统舞蹈。

② 英国一种古老的习俗，美国部分地区也有。每 7 年举行一次，由当地重要市民用树枝敲打社区的地理边界，意在形成对自己社区（教区）的共同记忆。

们还建议可以造一座纪念碑来庆祝处置点，宣称如果它"有独特性和审美，难道不是给当地人提供了很好的理由，让他们为拥有处置点而骄傲，可以更好地维护它吗？[11]"

记忆组的一些成员喜欢这个想法，但是我把这个告诉雅克时，他看起来有点不太相信。我问："处置点将来可能会变成景点吗？就是吸引游客的地方？"

相反，他说："CLIS 的一些成员说，因为这里的风险，因为处置点是一个垃圾箱的形象，生活在此的每一个人都会离开。当然，也有人认为，处置点会创造就业机会，会变成新的硅谷。也许事实最后是两者之间的某种情况。但吸引游客？我说不好。"

站在 CLIS 总部的外面，我看到一位年轻的扎辫子的女子穿过小广场，进入一座摇摇欲坠的大石头房。外面是几辆破旧的小面包车，两个核废料罐的油桶模型。一个手工做的路牌指向 Cigeo，而 Cigeo 这几个字被猛地划掉了。大门上贴着一张横幅，布尔自由区：反对核废料之屋。

自 2004 年以来，这里一直是一群国际反核、反核废料存储的抗议者之家。我想到布朗凯告诉我：在他看来，最有效的传达信息的方法跟 Andra 毫无关系，而是像"抵抗运动之家"这种反存储组织的存在。

他们持续进行反对 Cigeo 的活动，而且，很可能会把自己的信念传给自己的孩子们，于是抗议者们必须要保存处置点的记忆，而且不断出现在公共视线中，他们的抗议和宪兵的冲突还都出现在新闻里，那座东倒西歪的石头房变成了他们自己的 Cigeo 纪念馆。"所以支持存储的人需要反存储组织一直存在，这样会留下清晰的记忆。"布朗凯说，"幸运的是，我们在法国——法国不管发生什么都有反对者。"

但是关于怎么处理记忆存储和人类侵入，还有更激进的提议：别管。鉴于我们这个物种永恒的好奇心，我们掀起暴力的能力和我们从来做不到"顺其自然"的历史，关于处置点，最安全的事可能是把它藏起来不让后代知道？据雅克说，这里有人不想做标识。有人觉得最好这里被忘记，也可以避免被恐怖主义行动盯上。

在芬兰，很多人告诉我，因为处置点是被动系统，它们会被埋在很深很深的地下，没有任何自然资源，保存相关记忆的问题是没有意义的。"从地面来看，这些场地只是另一片森林或者自然。"亚洛宁说。没有什么可以标识处置点的，任何人都没有什么原因去挖掘。看不见，想不到，似乎是个很好的办法。之后，比如 10 万年之后，几乎所有的地面痕迹和附近地上的标识都会消失 [12]。留下的只有轻微的凹痕，也许一两个小小的突起。在没有经过专门训练的人看来，这就只是大地上一种自然的形状。最终，就好像从来没人来过，没有任何东西需要任何人记得。

但布朗凯警告我们说，遗忘并不容易。"遗忘是一种被动行为。你不能跟自己说，我要忘记这件事。"就像不要去想粉色大象一样。你要忘记 Cigeo，首先就要销毁所有相关的信息。也就是说，关闭所有网页，毁掉大量计算机、报纸和书籍。他认为，Cigeo 也像丹麦电影导演迈克尔·马德森（Michael Madsen）说起昂加洛时一样：你得先记得才能忘记 [13]。

*

最终，任何想要保存这份记忆的人都需要用到多种方式。只靠知识的世代传递，你无法保证更迭的连续性。只靠直接的沟通，你可能得承担留下信息（即便实体存在），但最后无人能懂的风险。

为了帮助他们思考这个问题，Andra 要求布朗凯开展一些研究。"如果不靠语言，"他总结说，"你可能需要用图像表达信息。"

但很多视觉符号仍然跟语言一样具有文化特性。比如，路标、生物危害标识还有辐射的三叶草警示。有了文化背景我们才懂得这些标识。此外，这些符号的意义在岁月流逝中也并不稳定。比如，头骨加交叉骨的骷髅头标志一般是跟海盗或者致命毒素联系在一起的。

但是，布朗凯说，对中世纪的炼金术师来说，头骨代表了亚当的头骨，交叉的骨头表示承诺复活的十字架。只过了 600 年，这个图像的含义就完全反转了：从生到死。布朗凯仍然认为会有一个通用符号——一幅人类的图像。"不管是在美国、英国、美洲、欧洲、澳洲，你看到这个符号都明白这画的是一个男人或女人 [14]。"而且，"每一个人类……跟我们一样，都是从空间上理解自己的身体。"有上下，有左右，有前后。"象形文字（一个词或词组的图像化符号）是基于活动中拟人化的表达，也更容易被普遍识别。"他说。现在他有了初步的想法，但还不够。你可能得要用一幅连环画，表示一个人靠近放射性废料，摸了它，然后倒下。但怎么保证这些是按顺序被读取的呢？或者摸到废料被理解成负面的行为？如果从后往前读，看起来好像废料能起死回生。而且依靠有形物体的视觉表达的象形文字怎么表达放射性这种概念——毕竟放射性既看不到也摸不到？

针对这些问题，布朗凯设计了一种叫作行为学装置的设备——一种"向所有时代的所有人表达复杂和抽象概念的综合系统[15]"。这种设备完全独立于现存的所有语言，会教人们一种仅为这个目标创造的全新语言。

布朗凯展望着这种设备作为一系列的地下通道，可能就放在处置点入口隧道里。（把这个设备放在地下，免于风化和腐蚀。）在墙上，第一段是一个矩形的象形文字，表示一个人走在通道里，一串脚印表示了活动方向。（这跟布朗凯的人类身体是通用符号的看法有关。）在通道的末端是一个洞、一架梯子以及另外两个象形文字。一个圆形的，表示人握着梯子，一个三角形表示人没有握住，因此倒下。梯子底下，是第二段。随着通道往前，屋顶到了一定高度会突然下降。一个圆形的象形文字表示一个人弯下腰，安全了。一个三角形表示人没有躲过因此磕到了头。

通过这样的方式，你开始意识到存在一种模式：学习设备里的墙上的符号与人的行为联系起来，然后，你遇到圆形时复制这些行为，遇到三角形时避开这种行为。一旦这些模式到位了，就可以设计出传达更复杂的放射性废料的警告信息。最终阶段的设计仍在开发中，但一个核心想法就是把有形的经验翻译出来，例如被火烫伤，翻译成一个象形文字，然后把它作为放射性的一个类比。

"真正有趣的，是让人们自我学习的这个想法。"杜蒙说，"长期来看，当你不能只依靠世代传递的时候，学习就会很重要。"

*

去年夏天，我和几个好友去走里奇韦国家步道，这是一条从奇尔顿山到北威塞克斯的古老的长距离山路。在奇尔顿的白叶山，那条白垩之路穿过一个坟墓遗址，可能修建于 5000 多年前的新石器时代 [16]。你一看到它马上就能意识到这不是天然景观，山腰的路开始拢到一起。但现在除了地面上一圈矮矮的草堆，白金汉郡的树丛，还有里斯伯勒王子城，就没有其他什么好看的了。我们不知道是谁建造了墓穴，也不知道逝者的姓名，他们讲什么语言，或者他们觉得 5000 年后的世界会是什么样。

看着那些墓，并不能感觉到现在跟过去的联系，只是觉得它非常奇异而遥远。像白叶山古墓这样的场地，给 Andra 的 2018 年比赛的冠军洛尔·波比（Laure Boby）提供了灵感。她设想了用当地的地质材料（石灰岩、黏土）和人造材料（混凝土、塑料等）筑造起 3 座 5~10 米高的山。就像我们辨识出非天然的古墓形状一样，未来的考古学家挖进 Cigeo 的土地里，也会马上意识到这是人造物，他们应该谨慎处理。"即便记忆消失，场地的痕迹还是会存在。"波比说，"只要我们继续观察——散步的时候，或者通过谷歌地球——观察古代文明的墓穴痕迹。[17]"

20 世纪 30 年代，考古学家林赛·斯科特（Lindsay Scott）打开了白叶山的古墓，发现了人体骨架的遗骸、6 片陶器碎片、燧石片和动物遗骨 [18]。如果我们这个物种延续得够久，有一天我们自己的文明会像新石器时代人类一样晦涩而又神秘。我们会进入墓穴内寻找过去的答案，未来的考古学家们有一天也会穿入混凝土通道，以及昂加洛和 Cigeo 的隧道里。他们会凝视着黑暗，问自己：是谁修建了这个地方，目的是什么？这是一个墓穴吗？还是军事设施？是某种遗失的宗教仪式场所吗？早就消亡的人类来到这里，在地下挖这么深是为什么呢？他们在逃避谁？他们是要把什么东西藏起来吗？

*

在奥尔基洛托，4 点天就黑了。TVO 的游客中心里，我和水文学家安妮·科图拉（Anne Kontula）坐着喝咖啡。她在芬兰气象局工作，正打算确定这个岛未来的气候。在 5000 年以后再以后的很久，未来的 50 000~ 200 000 年后的某个时间，地球可能会进入新的冰期 [19]。科学家们已经在研究，当冰达到 4 公里厚对基岩造成压力时，那些存储罐会发生什么，以及如果基岩的温度降到冰点以下，那些罐子会怎样，尤其是，膨润土是否能依然保持特性。"我们之所以把存储点钻到

420米那么深，一个原因是，这个深度在之前冰期的永冻土层之下。"科图拉告诉我。

站在昂加洛的隧道里，就像踏入了人类种族的巨大纪念馆，这也是一种信念的表示：在遥远的未来，我们仍会存在，地球上仍有生命。"我喜欢这个工作的一个方面是，它具有更大的意义。"科图拉说，"我们要管理好那些危险的、即便自己不存在了，它们仍将存在的废料。"

我抿了一口咖啡，越过河面看到核电站的灯光远远闪烁。我试着想象冰期到来时奥尔基洛托的样子。地表上的一切都会消失。所有的建筑、树木、草丛、岩石都会掩埋在前进的冰川下。

"就像你在飞翔，然后往下看只能看到云。"我问科图拉冰期来到时会是什么样的时候，她回答，"所见之处一片白色。只有白色。"

最后，我想回到开始的地方。

在英国，开始的地方是在苏格兰遥远的西北部。如果你大致沿着对角线，从东南部的东安格利亚旅行至西北部的西部高地，那你正在时间中穿越回过去：从东安格利亚年轻的第四纪沉积物，掠过伦敦盆地的古近纪黏土，北唐斯的上白垩世白垩，科茨沃尔德的侏罗纪鲕粒岩，环绕奔宁山脉的三叠纪砂岩，沿海平原的石炭纪石灰岩，布雷肯山的泥盆纪老红砂岩，湖区的奥陶纪和志留纪岩石，格兰屏中央山区寒武纪露头，一直到达西北高地和赫布里底群岛的远古岩石。

6月的一个雨天，我从因弗尼斯开车往北，去找最古老的岩石。我怀孕3个月了，明明没有喝酒但每天都有一种宿醉感，要吃很多下午茶饼干来缓解恶心。浅浅坐落在平缓风景中的宽路，经过阿勒浦后变得人迹稀少。另一边，烟灰色的岩石从蕨类和石楠中冒出，左边漫长的棕色海湾在视线中忽隐忽现。房子零零落落。远远能看到一些看起来像儿童画里的山和圆顶的火山锥。

我穿行而过的乡间小路，属于联合国教科文组织西北高地国家公园，也是保护和推广杰出地质景点措施的一部分。往窗外看去，能看到三个独特的深时时刻——太古宙、元古宙、寒武纪的三处景观的残骸[1]。

山顶上隐约闪耀的白，看起来像雪，其实是一簇大概5亿年古老的寒武纪石英岩。这是显生宙的第一个纪，是化石中那些大量复杂生命形式开始出现的时候。山体本身是托里东组砂岩。元古宙时山脉朝东巍峨耸立，大概10亿年前，大量山体被侵蚀后的河流沉积形成了这些砂岩。剑桥希思路那里挖掘出来的更新世沙砾，标志着人类进入深时的活动，而这里的砂岩，则标志着显生宙（包含万物的5.4亿年前到如今）跃进古生宙——部分属于前寒武纪，是深时中最古老、最宏大、最神秘的部分。

前寒武纪在国际年代地层表的最下端——生动的紫色和热烈的殷红——被分入了4个宙之中，古生宙（早期生命）、太古宙（开始，源头）和最早的冥古宙（名字来自哈迪斯，地下世界的神，大致反映了那时候地球上地狱般的情况）。这4个宙合起来，组成了所有深时的八分之七，但我们对此所知甚少——我们确知的那极少的部分也只是在20世纪晚期和21世纪早期才开始有所了解。一直在翻腾不断的地质过程，并没有留下早期地球的清晰材料——托里东组砂岩其实并不寻常，那个时期只有极少数的沉积岩能完好无损地保存至今。

直到发现恐龙之后100多年的20世纪60年代，前寒武纪古生物领域才真正起飞[2]。在那之前，很多人相信前寒武纪根本没有化石。到了20世纪的最后几十年，地质学家们才开始在西格陵兰、加拿大西北和澳大利亚西部确定了少量的冥古宙岩石，包括我在佳士得看到的被拍卖的40亿年之古老的片麻岩。

第3个可见的古老世界是砂岩山之下的丘湖。在盖尔语中，cnoc是小石丘的意思，lochan是侵蚀凹地里的一些小湖泊；这个词语描绘的是不规则的圆丘形地势，由西欧最古老的岩石路易斯片麻岩塑造。这些变质岩有30多亿年历史，来自深远的太古宙。这是英国最古老的岩石。它们所存在的时间差不多包含了本书所有的故事。

*

第二天温暖干燥。我在临时停车处停下，沿着一条远离车道的小溪上山。脚下是深深的红棕色泥泞。路易斯片麻岩和大卵石中间的路，从野草和蕨类中冲出，像绿海洋中灰鲸的背。我边走边列出那些岩石。路易斯片麻岩、托里东组砂岩、寒武纪基底石英岩。知道这些名字让人愉快。这并不是出于分类的需求，以为要把它们切分开放进小盒子里。而且显然，要享受这片风景，也不需要知道岩石的名字——或者树的、植被的、鸟的名字。但是你确实知道，这改变了你存在于空间的方式。有名字的风景更显厚重。这和历史和环境有关，但我想，也同时跟你关注的质量有关。关注一些事物的名字，是需要付出时间去确认和识别事物的特征的。你看得越久，知道得越多，更多的事就会从模糊不清或一闪而过的背景中跳出来，并在你的视野中有更多的存在感，如人群中熟识的面孔脱颖而出一般。

我坐在溪边一块温暖的岩石上，吃了一块芝士三明治。溪水很凉，啤酒那种颜色的水，匆匆流过。下坡处更远的地方，溪边绕着欧洲桦丛，一只杜鹃在其间什么地方鸣唱。往上一点的地方，是我刚坐过的片麻岩，有着白色壳状板块的灰色，上面长着浅荧光黄的青苔。如果你花点时间仔细看，你能看到灰色中的其他颜色：黑色的波浪线，鲑鱼粉色的线纹。

　　在《英国地质学》（ *The Geology of Britain* ）中，地质学家彼得·托西尔（Peter Toghill）把这里描绘成"前寒武纪剥露景观"[3]。千万年来，它躺在地下，被连续的托里东组砂岩覆盖着，保护得好好的。时光飞逝，砂岩消磨殆尽，只留下这些形状奇怪的山脉，地下的片麻岩终于露出。"如果我们站在 10 亿年前，"一本英国地质调查局的本地指南里解释说："路易斯片麻岩的轮廓会奇迹般地跟今日相似[4]。"

　　奇迹般地相似，但仍然不同。如今的路易斯片麻岩，有的轻舔过草地，有的游过蕨类和石楠，有的划过欧洲桦和杜鹃，还有的从富饶的泥炭土中冒出，我们能看到的是大片无法进入的岩石阵和堆着丛丛岩屑的裸露山坡、溪流、河水，其间唯一的活动，大概只有沙砾像云朵一样在风中飘过，还有雨滴倾洒，岩石被浸透后颜色更深了。

*

　　第三天，我开上一条单幅路（single-width road[①]）去阿赫梅尔维赫海滩。海水如加勒比海岸假日广告里的那样蓝。白色的沙，是贝壳碎片磨成。低沉的午后阳光中，片麻岩弥漫出一种烟灰色光，透着一抹珊瑚红，仿佛灰斑鸠的胸脯。

　　这里的景色曾被拿来与加拿大、瑞典和纽约中央公园的冰蚀景观相比，这让我想起了伯格曼那些故事发生在岛上和海岸线上的黑白电影。在爱丁堡和苏格兰低地度过一阵后，苏格兰西北看起来像另外一个国家。但它确实也是。

　　大概 6 亿年前，在前寒武纪，一块位于南极点附近的古老的超级大陆开始崩裂[5]。西北苏格兰往一个方向裂去——跟北美洲、加拿大和格陵兰一起——而英格兰、威尔士和苏格兰的其他部分则往另外一个方向裂开。这个状态一直持续到

---

① 允许双向行驶，但是路幅通常只有单行道那么宽的路。在英国乡村很常见，通常路上会有一处稍微宽点的地方，或者凸出的地方让车拐弯。

4.2亿年前——之后400万年才到了泥盆纪——当它们开始又合成一种新的超级大陆：盘古大陆。

又过了几百万年，苏格兰、英格兰和威尔士慢慢从边缘挪到新大陆的中间，轮流着变得温暖、泥泞，而后再干燥、旱荒、可怕的炽热。大概8000万年前的白垩时期，盘古大陆开始分化成几片大陆，大西洋开始形成。大概6500万年前，也就在希克苏鲁伯小行星撞击后不久，大概恐龙刚刚灭绝的时候，英国移动到了现在的位置[6]。

科学家们估计，在未来2亿～2.5亿年，随着大陆板块持续地慢慢潜入这个星球的深远未来中，一块新的超级大陆将会形成[7]。至于那会是什么样，也有一些观点各异的理论，其中一个版本名为新盘古的是这样的：大西洋继续崩裂，太平洋持续合拢，最后地球上所有的陆地板块再一次合而为一。欧亚大陆被西边的非洲大陆和东边的北美洲夹在中间，还有南边的印度、中国、澳大利亚紧压而上。

我沿阿赫梅尔维赫的海岬走到第二个海湾边，爬下另外一处空荡的白色海滩。在这里，片麻岩在我头上升起，变作一处低矮的悬崖。海浪和海风拂过，岩石被打磨后有黑色和鲜橙色交织（橙色是富铁矿的结果）的带状纹路。崖壁是一丛混乱的折裂石块，上面许多线条和棱角，退后一步会感觉它像立体派画家的画——也许是布拉克的作品。海湾再往外，仿佛有明亮光线楔入，海洋变成了一块暗银色的切口。我又背靠着暖呼呼的片麻岩坐下。

在第7周的早期超声中，我们看到了肚子里的宝宝：一个小小的芸豆大小的点，其中一颗白色的心脏忽隐忽现。到第12周，我们听到了心跳声，又急又快像其他小动物一样——一只老鼠、田鼠，或者飞驰的鼩鼱。我了解到，心脏是身体发育中第一个形成的器官。最早的已知心脏之一是一只5.2亿年前寒武纪的节肢动物，那正是山顶上的石英石沉下的时候[8]。

坐在海滩上，我听到大海有节奏的轰起又消匿的声音，看到岩石和水：它们一直且永远以这种形式存在在地球上。在裸岩与海洋交接处——如果我转头，看不到任何草地、植被、俯冲捕食的海鸥——这个世界看起来，我猜，有点像前寒武纪时能看到的世界：我们星球上一切的起源。一处简单而险峻的风景，纯粹、毫无掩饰，从棕色和灰色的阴影中矗立而出。平缓的网状河流在宽阔的洪泛平原漫延。岩石在炽热中散发出矿物的味道。光亮透明的激流一往无前地朝海洋奔去。

在早期太古宙，在变成路易斯片麻岩之前，这些岩石主要是岩浆侵入体，即灰色到粉色的花岗岩，以及深灰色富基性的辉长岩，与古老的沉积物和一系列的熔岩混合在一起。它们埋在黑暗的地壳深处，因巨大压力与热量缓慢转变。循着褶皱与断层的踪迹，你能读到它们历经颠簸的旅程，最终在约 11 亿年前破壳而出。

一旦冲出地壳，即使多少有一点磨损，它们的形态也都固定了。世界在它们身上飞掠而过：冰蚀景观，炽热的狂风扫过的沙漠，静谧地冒着泡的沼泽。生物们到来，走过它们的表面，它们爬行、疾走、奔跑、跳跃、闲逛。在这过程中，岩石们只是静静地存在着，亿万年来，不曾改变。

致谢

在本书取材过程中，许多渊博而慷慨的人曾拨冗与我交谈。

感谢迈克尔·麦肯金（Michael McKimm），带我参观伦敦地质学会，并谈论了诗歌。感谢他和布莱恩·洛弗尔（Bryan Lovell）的《诗与地质学》（*Poetry and Geology: A Celebration*）一书。

约根·史蒂芬森（Jørgen Steffensen）亲切地给我展示了哥本哈根大学的冰芯收藏，并向我解释了冰川学。

艾伦·麦卡迪（Alan McKirdy）和路德维克（Martin Rudwick）慷慨地阅读并评论了书中关于赫顿和深时的历史。

感谢詹姆斯·希斯洛普（James Hyslop）让我见识了拍卖行的内部。

菲利普·吉伯德（Philip Gibbard）、约翰·马歇尔（John Marshall）和扬·扎拉斯维奇（Jan Zalasiewicz）都是耐心又有启发性的地层学向导。好人吉伯德把他尚未发表的关于阿尔杜伊诺的研究都给了我看，扎拉斯维奇还抽空带我去看莱斯特郡的侏罗纪岩石，回答了我一箩筐的问题，还把他写玛丽·安宁和布丰的文章分享给我。

非常感谢菲利普·赫伦（Philip Heron）和卡洛琳娜·利思戈 - 贝尔泰诺尼（Carolina Lithgow-Bertelloni）帮我理解了板块构造，琼·弗里谢尔（Joan Fryxell）教我看地图，向我介绍了圣安德烈斯断层。苏珊·霍夫（Susan Hough）热情地载我在好莱坞找断层。谢谢美国地质调查局的凯特·谢雷尔（Kate Scharer）和斯坦·施瓦茨（Stan Schwarz）。

还有英国地质调查局的安德鲁·法兰特（Andrew Farrant）和罗曼·格雷汉姆（Romaine Graham），带我去奇尔特恩野外考察。谢谢丹比斯酒庄的主人克里斯弗·怀特（Christopher White）带我转了葡萄园。

在写燃烧之地和那不勒斯城市地质学过程中，文森佐·莫拉（Vincenzo Morra）对我帮助极大，带我反复在城市里观察，带我坐船穿越海湾，还带我去一些美妙的餐馆。在意大利遇到的所有的科学家和政府工作人员，我都深深感谢。尤其是：卡尔米内·米诺波利（Carmine Minopoli）、弗朗西斯科·比安科博士（Francesca Bianco）、阿莱西奥·兰格拉（Alessio Langella）、詹卢卡·米宁（Gianluca Minin）和罗马市政保护的工作人员。谢谢恩里科·萨凯蒂（Enrico Sacchetti）的照片和翻译。在伦敦，克里斯多弗·基伯恩（Christopher Kilburn）就火山的工作回答了我很多问题。

关于对玛丽·安宁的思考，感谢娜塔莉·马尼福德（Natalie Manifold）。感谢丹·布朗利（Dan Brownley）介绍了化石准备工作。你可以在 YouTube 上的 Fossil Academy 频道观看布朗利更多的工作。

感谢克里斯·贝里（Chris Berry）带我逛卡迪夫国家公园，特别耐心回答我泥盆纪树的问题和大量的后续问题，而且热心地提供了很多书和论文。感谢珍妮弗·克拉克（Jennifer Clack）跟我聊她的研究，介绍泥盆纪四足动物鲍里斯。

如果没遇到土地管理局的迈克尔·莱斯金（Michael Leschin）和犹他大学东史前博物馆的肯尼斯·卡彭特（Kenneth Carpenter），我写起恐龙就要难得多。谢谢拉维恩·安特罗伯斯（Laverne Antrobus）帮我弄清楚为什么小孩们喜欢恐龙。

谢谢雅各布·温瑟尔（Jakob Vinther）、约翰·林格伦（Johan Lindgren）和玛丽·麦克纳马拉（Maria McNamara）分享了古色彩的研究。感谢罗伯特·尼克尔斯（Robert Nicholls）介绍了古生物艺术。可以在这里观看和购买他的作品：http://paleocreations.com。

露丝·西达尔（Ruth Siddall）最先向我介绍了深时和地质学的奇异世界。非常感谢她令人愉快的城市地质学漫游，以及阅读我关于城市地质学的文章，并给予评价，最感谢的是安排了让我遇到我先生的那趟漫游。在她帮助运作的网站上你能看到更多关于城市地质学的内容：http://londonpavementgeology.co.uk/（不只包括伦敦）。

感谢库多·艾顺（Kodwo Eshun）和耳石组合（Otolith Group），促发我对人类世的思考。

在芬兰和法国进行的核废料研究中进行了很多对话和采访，都得益于他们的巨大帮助：弗洛里安·布朗凯（Florian Blanquer）、让-诺埃尔·杜蒙（Jean-Noël Dumont）、尤西·海诺宁（Jussi Heinonen）、蒂纳·亚洛宁（Tiina Jalonen）、伯努瓦·雅克（Benoît Jaquet）、安妮·科图拉（Anne Kontula）、彼得·罗谢（Peter Roche）、丽贝卡·塔德赛（Rebecca Tadesse）、格里·托马斯（Gerry Thomas）。感谢马修·圣路易斯（Mathieu Saint-Louis）给我讲解 Cigeo，感谢帕西·图希马（Pasi Tuohimaa）带我去看昂加洛，以及下雪的劳马。

非常感谢西北高地国家公园的皮特·哈里森（Pete Harrison）帮我找到和理解了古老的苏格兰岩石。这里能看到更多关于国家公园的信息：https://www.nwhgeopark.com/。

感谢杂志编辑们乔纳森·贝克曼（Jonathan Beckman）、埃玛·杜肯（Emma Duncan）、克丽丝·贾尔斯（Chrissie Giles）、乔奥·梅代罗斯（João Medeiros）、格雷格·威廉姆斯（Greg Williams）、西蒙·威利斯（Simon Willis），委任我写深时和地质学，你们的支持和编辑指导如此宝贵。尤其感谢蒂姆·德莱尔（Tim de Lisle）鼓励我报道城市地质学和人类世——是我写出的第一篇深时之文。

我十分有幸获得了我任教的赫特福特大学的旅行基金。特别感谢罗兰德·休斯（Rowland Hughes）帮助我申请基金。

我的文学经纪丽萨·贝克（Lisa Baker），是第一位鼓励我把这个想法写成书的人。对此，以及她在我写作和出版期间所给予的所有帮助、支持、热情，我非常感激。

谢谢我的编辑艾德·莱克（Ed Lake）推广这本书。他仔细的阅读、编辑和建议，让我的原稿焕然一新。感谢出版社的每一个人，尤其是执行编辑珮妮·丹尼尔（Penny Daniel）和马修·泰勒（Matthew Taylor）细致的文本编校，感谢瓦伦娜·汀赞卡（Valentina Zanca）、彼得·戴尔（Peter Dyer）和比尔·约翰柯克斯（Bill Johncocks）制作了漂亮的封面。

感谢我所有的家人和朋友，过去这一两年听我唠叨了很多关于岩石的事。尤其感谢艾米莉·比克（Emily Bick），分享了她关于核废料、深时和音乐的想法，感谢安波·道尔（Amber Dowell）关于威尔士、湖区和其他一些美丽地方的岩石的卓越讨论，感谢特拉维斯·埃尔伯勒（Travis Elborough）的写作和出版建议，感谢道格拉斯（Douglas）、娜塔莉（Natalie）、亨利（Henry）和罗伊·戈登（Rory Gordon）带我去自然历史博物馆，感谢理查德·保罗（Richard Paul）给我寄了地质学和工程学的有用文章；恐龙派对和二叠纪 - 三叠纪大灭绝事件的故事，既要感谢迈克·史密斯（Mike Smith），还要感谢漫游小组带我去里奇韦步道和其他地方。

感谢格里塔·戈登（Greta Gordon）的存在，本书中只出现了她的小小心脏。她一再拖延，直到我完稿 6 小时之后才姗姗来迟到达这个世界。

最后，我想感谢我先生乔纳森·保罗（Jonathan Paul），没有你的专业和支持，我肯定写不出这本书。谢谢你在科学方面给我耐心的建议，你还是一位敏锐的读者，一位无与伦比的好旅伴。

参考资料

一　剑桥希思路的深邃时间

1. R. Feuda et al., 'Improved Modeling of Compositional Heterogeneity Supports Sponges as Sister to All Other Animals', *Current Biology* 27 (2017), p. 3864.
2. M. Bjornerud, 'Geology is Like Augmented Reality for the Planet', *Wired* (September 2018): https://www.wired.com/story/ geology-is-like-augmented-reality-for-the-planet/
3. J. Morrison, 'The Blasphemous Geologist Who Rocked Our Understanding of Earth's Age', Smithsonian.com (August 2016): https://www.smithsonianmag.com/history/ father-modern-geology-youve-never-heard-180960203/
4. S. Cotner, D. Brooks and R. Moore, 'Is the Age of the Earth One of Our "Sorriest Troubles?" Students' Perceptions about Deep Time Affect Their Acceptance of Evolutionary Theory', *Evolution* 64(3) (2010).
5. https://data.worldbank.org/indicator/SP.DYN.LE00. IN?locations=GB.
6. J. Playfair, *The Works of John Playfair, Esq.* (Edinburgh: Archibald Constable & Co., 1822), p. 81.
7. https://www.geolsoc.org.uk/history
8. C. Lyell, *Principles of Geology*, 7th edn. (London: John Murray, 1847), p. 190.
9. J. McPhee, *Annals of the Former World* (New York: Farrar, Straus and Giroux, 2000), p. 31.
10. N. Woodcock and R. Strachan (eds), *Geological History of Britain and Ireland* (Oxford: Blackwell Science Ltd, 2002), p. 4.
11. N. Woodcock and R. Strachan (eds), *Geological History of Britain and Ireland*, p. 4.
12. A. Tennyson, 'In Memoriam A. H. H.', in *Alfred Lord Tennyson: Selected Poems*, ed. C. Ricks (London: Penguin Classics 2007), p. 189.

二　第 48903C16 号盒

1. https://unfccc.int/process-and-meetings/the-paris-agreement/ the-paris-agreement
2. D. Carrington, 'Avoid Gulf Stream Disruption at All Costs, Scientists Warn', *The Guardian* (13 April 2018); D. J. R. Thornalley et al., 'Anomalously Weak Labrador Sea Convection and Atlantic Overturning during the Past 150 Years', *Nature* 556 (2018), pp. 227-230.
3. M. Walker et al., 'Formal Definition and Dating of the GSSP (Global Stratotype Section and Point) for the Base of the Holocene using the Greenland NGRIP Ice Core, and Selected Auxiliary Records', *Journal of Quaternary Science* 24 (2009), p. 3.
4. L. C. Sime et al., 'Impact of Abrupt Sea Ice Loss on Greenland Water Isotopes During the Last Glacial Period', *Proceedings of the National Academy of Sciences* (*PNAS*) 116 (2019), p. 4099.
5. x. Zhang et al., 'Abrupt North Atlantic Circulation Changes in Response to Gradual CO_2 Forcing in a Glacial Climate State', *Nature Geoscience* 10 (2017), p. 518.
6. E. Kintisch, 'The Great Greenland Meltdown', science. com (2017): https://www.sciencemag.org/ news/2017/02/ great-greenland-meltdown
7. L. D. Trusel et al., 'Nonlinear Rise in Greenland; and Runoff in Response to Post-Industrial Arctic Warming', *Nature* 564 (2018), p. 104.
8. A. Aschwanden 'The Worst is Yet to Come for the Greenland Ice Sheet', *Nature* 586 (2020), pp. 29-30.

三 浅时

1. Quoted in D. B. McIntyre and A. McKirdy, *James Hutton: The Founder of Modern Geology* (Edinburgh: National Museums Scotland, 2012), p. 2.
2. McIntyre and McKirdy, *James Hutton*, p. 4.
3. M. J. S. Rudwick, *Earth's Deep History: How It Was Discovered and Why It Matters* (Chicago, IL: University of Chicago Press, 2014), p. 11.
4. S. Baxter, *Revolutions of the Earth: James Hutton and the True Age of the World* (London: Phoenix, 2004), p. 23.
5. J. Zalasiewicz, 'Encore des Buffonades, Mon Cher Count?', *The Paleontology Newsletter* 79 (2012), p. 4.
6. Zalasiewicz, 'Encore des Buffonades, Mon Cher Count?', p. 3.
7. Baxter, *Revolutions of the Earth*, p. 185.
8. Colin Campbell quoted by D. Cox, 'The Cliff That Changed Our Understanding of Time', bbc.com (2018): http://www.bbc.com/travel/story/20180312-how-siccar-point-changed-ourunderstanding-of-earth-history
9. Quoted in McIntyre and McKirdy, *James Hutton: The Founder of Modern Geology*, pp. 13-15.
10. Baxter, *Revolutions of the Earth*, p. 30.
11. McIntyre and McKirdy, *James Hutton: The Founder of Modern Geology*, p. 13.
12. Baxter, *Revolutions of the Earth*, pp. 96-97.
13. Baxter, *Revolutions of the Earth*, p. 93.
14. Quoted in McIntyre and McKirdy, *James Hutton: The Founder of Modern Geology*, p. 16.
15. *Deep Time*, episode 1 (BBC Two, 2010): https://www.bbc. co.uk/programmes/b00wkc23
16. Quoted in P. Lyle, *The Abyss of Time: A Study in Geological Time and Earth's History* (Edinburgh: Dunedin Academic Press, 2016), p. 25.
17. McIntyre and McKirdy, *James Hutton: The Founder of Modern Geology*, p. 34.
18. McIntyre and McKirdy, *James Hutton: The Founder of Modern Geology*, p. 19.
19. Quoted in Lyle, *The Abyss of Time*, p. 50.
20. Baxter, *Revolutions of the Earth*, p. 185.
21. McIntyre and McKirdy, *James Hutton: The Founder of Modern Geology*, p. 16.
22. E. Kolbert, *The Sixth Extinction: An Unnatural History* (London: Bloomsbury, 2014), p. 50.
23. C. Darwin, *The Works of Charles Darwin*, vol. 15, *On the Origin of Species* (New York: New York University Press, 1988), p. 202.
24. R. Fortey, 'Charles Lyell and Deep Time', *Geoscientist* 21(9) (2011): https://www.geolsoc.org. uk/Geoscientist/Archive/ October-2011/Charles-Lyell-and-deep-time
25. Lyell, *Principles of Geology*, p. 166.

四 时间领主

1. M. Walker et al., 'Formal Ratification of the Subdivision of the Holocene Series/Epoch (Quaternary System/Period): Two New Global Boundary Stratotype Sections and Points (GSSPs) and Three New Stages/Subseries', *Episodes* 41(4) (2018), p. 213.
2. R. Meyer 'Geology's Timekeeper's Are Feuding', *The Atlantic* (2018): https://www.theatlantic.com/ science/archive/2018/07/ anthropocene-holocene-geology-drama/565628/
3. S. Lewis and M. Maslin, 'Anthropocene vs. Meghalayan: Why Geologists Are Fighting over Whether Humans Are a Force of Nature', *The Conversation* (2018): https://theconversation.com/ anthropocene-vs-meghalayan-why-geologists-are-fighting-overwhether-humans-are-a-force-of-nature-101057
4. S. P. Hesselbo et al., 'Massive Dissociation of Gas Hydrate during a Jurassic Oceanic Anoxic Event', *Nature* 406 (2000), pp. 392-395.
5. G. Dera and Y. Donnadieu, 'Modeling Evidences for Global Warming, Arctic Seawater Freshening, and Sluggish Oceanic Circulation during the Early Toarcian Anoxic Event', *Paleoceanography and Paleoclimatology* 27(2) (2012).
6. http://www.stratigraphy.org/index.php/ics-chart-timescale
7. M. O. Clarkson et al., 'Ocean Acidification and the Permo-Triassic Mass Extinction', *Science* 348 (2016).
8. E. Vaccari, 'The "Classification" of Mountains in Eighteenth Century Italy and the Lithostratigraphic Theory of Giovanni Arduino (1714-1795)', *Geology*

Society of America*, special paper 411 (2006), p. 157.

9. http://palaeo.gly.bris.ac.uk/Russia/Russia-Murchison.html

10. F. M. Gradstein et al., 'Chronostratigraphy: Linking Time and Rock', in F. M. Gradstein, J. G. Ogg and A. G. Smith (eds), *A Geologic Time Scale 2004* (Cambridge: Cambridge University Press, 2004), p. 21.

11. Gradstein et al., 'Chronostratigraphy: Linking Time and Rock', p. 21.

12. M. J. Head and P. L. Gibbard, 'Formal Subdivision of the Quaternary System/Period: Past, Present, and Future', *Quaternary International* (2015), p. 1040.

13. J. Rong, 'Report of the Restudy of the Defined Global Stratotype of the Base of the Silurian System', *Episodes* 31(3) (2008), pp. 315-318.

14. Walker et al., 'Formal Ratification of the Subdivision of the Holocene Series/Epoch (Quaternary System/Period)', p. 213.

15. P. J. Crutzen and E. F. Stoermer, 'The "Anthropocene"', *Global Change Newsletter* 41 (2000), p. 17.

16. Lewis and Maslin, 'Anthropocene vs Meghalayan'.

17. Ibid.

18. P. Voosen, 'Massive Drought or Myth? Scientists Spar over an Ancient Climate Event behind Our New Geological Age', sciencemag.org (2018): https://www.sciencemag.org/news/2018/08/massive-drought-or-myth-scientists-spar-overancient-climate-event-behind-our-new

19. Ibid.

五 山中恶魔

1. https://www.geolsoc.org.uk/Plate-Tectonics/Chap2-What-is-a-Plate

2. J. McPhee, *Annals of the Former World* (New York: Farrar, Straus and Giroux, 2000), p. 148.

3. F. J. Vine and D. H. Matthews, 'Magnetic Anomalies over Oceanic Ridges', *Nature*, 199 (1963), pp. 947-949.

4. W. C. Pitman III and J. R. Heirtzler, 'Magnetic Anomalies over the Pacific-Antarctic Ridge', *Science* 154 (1966), pp. 1164-1171.

5. 'The North Pacific: An Example of Tectonics on a Sphere', *Nature* 216 (1967), pp. 1276-1280.

6. x. Le Pichon, 'Sea-Floor Spreading and Continental Drift', *Journal of Geophysical Research* 73(12) (1968), pp. 3661-3697.

7. A. Wegener, *The Origin of Continents and Oceans*, trans. J. Biram (Mineola, NY: Dover Publications, 2003).

8. Quoted in R. Conniff, smithsonianmag.com (2012): https://www.smithsonianmag.com/science-nature/when-continentaldrift-was-considered-pseudoscience-90353214/

9. T. Atwater, 'When the Plate Tectonics Revolution Met Western North America', in N. Oreskes (ed.), *Plate Tectonics, An Insider's History of the Modern Theory of the Earth*, ed. (Boulder, CO: Westview Press, 2001), pp. 243-263.

10. W. J. Morgan, 'Rises, Trenches, Great Faults, and Crustal Blocks', *Journal of Geophysical Research* 73(6) (1968), pp. 1959-1982.

11. https://pubs.usgs.gov/gip/earthq3/safaultgip.html

12. https://pubs.usgs.gov/fs/2015/3009/pdf/fs2015-3009.pdf

13. https://pubs.usgs.gov/fs/2015/3009/pdf/fs2015-3009.pdf

14. Quoted in H. E. Le Grand, 'Plate Tectonics, Terranes and Continental Geology', in D. R. Oldroyd (ed.), *The Earth Inside and Out*, Geological Society Special Publication 192 (Bath: Geological Society, 2002), p. 202.

15. T. Atwater, 'Implications of Plate Tectonics for the Cenozoic Tectonic Evolution of Western North America', *GSA Bulletin* 81(12) (1970), pp. 3513-3536.

16. https://www.usgs.gov/faqs/will-california-eventually-fallocean?qt-news_science_products=0#qt-news_science_products

17. Oreskes (ed.), *Plate Tectonics*.

18. Quoted in Natalie Angier 'Plate Tectonics May Be Responsible for Evolution of Life on Earth, Say Scientists', *The Independent* (2019): https://www.independent.co.uk/environment/ earth-shell-cracked-global-warming-tectonic-plates-mantlegeology-science-a8690606.html

19. https://www.usgs.gov/faqs/can-you-predict-earthquakes?qtnews_science_products=0#qt-news_science_products

20. https://leginfo.legislature.ca.gov/faces/codes_displayText.xhtml?division=2.&chapter=7.5.&law

Code=PRC

21. L. M. Jones et al., *The ShakeOut Scenario*, US Department of Interior/US Geological Survey (2008).

22. Jones et al., *The ShakeOut Scenario*, pp. 9, 6, 10.

23. S. E. Hough, *Finding Fault in California: An Earthquake Tourist's Guide* (Missoula, MO: Mountain Press, 2004), p. 35.

24. D. L. Ulin, *The Myth of Solid Ground* (New York: Penguin Books, 2005), p. 8.

25. Hough, *Finding Fault in California*, p. 42.

26. Hough, *Finding Fault in California*, p. 44.

27. Hough, *Finding Fault in California*, p. 201.

28. https://www.usgs.gov/faqs/can-you-predict-earthquakes?qtnews_science_products=0#qt-news_science_products

29. S. E. Hough, *Predicting the Unpredictable: The Tumultuous Science of Earthquake Prediction* (Princeton, NJ: Princeton University Press, 2010), p. 96.

30. Hough, *Predicting the Unpredictable*, p. 84.

31. C. King, https://thecharlottekingeffect.com/page/3/

32. C. King, https://thecharlottekingeffect.com/about/

33. C. King, https://thecharlottekingeffect.com/page/3/

34. Quoted in Ulin, *The Myth of Solid Ground*, p. 36.

35. Quoted in Hough, *Predicting the Unpredictable*, p. 166.

36. Ulin, *The Myth of Solid Ground*, pp. 34-73.

37. S. J. Gould , 'The Rule of Five', *The Flamingo's Smile* (New York: W. W. Norton, 1985), p. 199.

38. Hough, *Predicting the Unpredictable*, p. 222.

六 消失的海洋

1. F. Pryor, *The Making of the British Landscape* (London: Allen Lane, 2010), p. 138.

2. https://www.bgs.ac.uk/about/ourPast.html

3. Office for National Statistics, 1911 Census General Report with Appendices; Office for National Statistics (1917), 2011 UK Census aggregate data, UK Data Service (2016).

4. G. Gohau, rev. and trans. A.V. Carozzi and M. Carozzi, 'The Use of Fossils', in *A History of Geology* (New Brunswick, NJ: Rutgers University Press, 1990), pp. 136-137.

5. Gohau, 'The Use of Fossils', pp. 136-137.

6. https://www.geolsoc.org.uk/Library-and-Information-Services/Exhibitions/William-Strata-Smith/Stratigraphical-theories

7. *Proceedings of the Geological Society* 1 (1831), p. 271.

8. http://www.strata-smith.com/?page_id=279

9. G. White, *The Natural History of Selborne* (London: Penguin Classics, 1977), p. 145.

10. R. Kipling, 'Sussex', *The Cambridge Edition of the Poems of Rudyard Kipling*, ed. T. Pinney (Cambridge: Cambridge University Press, 2013).

11. R. C. Selley, *The Winelands of Britain: Past, Present and Prospective* (Dorking: Petravin Press, 2008).

12. D. T. Aldiss et al., 'Geological Mapping of the Late Cretaceous Chalk Group of Southern England: A Specialised Application of Landform Interpretation', *Proceedings of the Geologists' Association* 123(5) (2015), pp. 728-741.

13. Quoted in K. Smale, 'Bricks Sent Flying During Crossrail Tunnelling', *New Civil Engineer* (2018): https://www.newcivilengineer.com/latest/revealed-bricks-sent-flying-duringcrossrail-tunnelling-08-10-2018

14. https://www.geolsoc.org.uk/GeositesChannel Tunnel

15. M. A. Woods, 'Applied Palaeontology in the Chalk Group: Quality Control for Geological Mapping and Modelling and Revealing New Understanding', *Proceedings of the Geologists' Association* 126 (2015), pp. 777-787.

16. Quoted in P. Laity, 'Eric Ravilious: Ups and Downs', *The Guardian* (30 April 2011).

17. C. D. Clark et al., 'Pattern and Timing of Retreat of the Last British-Irish Ice Sheet', *Quaternary Science Reviews* 44 (2012), p. 112.

七 炙热的土地

1. W. Hamilton, *Observations on Mount Vesuvius, Mount Etna, and Other Volcanoes* (London: T. Cadell, 1774), pp. 128-132.

2. T. Ricci et al., 'Volcanic Risk Perception in the Campi Flegrei Area', *Journal of Volcanology and Geothermal Research* (2013), p. 124.

3. http://volcanology.geol.ucsb.edu/pliny.htm

4. http://www.ov.ingv.it/ov/en.html

5. D. Hunter, 'The Cataclysm: "Vancouver! Vancouver! This Is It!"' (2012): https://blogs.scientificamerican.com/rosetta-stones/ the-cataclysm-vancouver-vancouver-this-is-it/

6. G. Chiodini et al., 'Magma near the Critical Degassing Pressure Drive Volcanic Unrest towards a Critical State', *Nature Communications* 7 (2016), p. 13712.

7. C. R. J. Kilburn et al., 'Progressive Approach to Eruption at Campi Flegrei Caldera in Southern Italy', *Nature Communications* 8 (2017), p. 15312.

8. S. de Vita et al., 'The Agnano-Spina Eruption (4100 years BP) in the Restless Campi Flegrei Caldera (Italy)', *Journal of Volcanology and Geothermal Research* 91 (1999), p. 269.

9. http://www.pacificdisaster.net/pdnadmin/data/original/JB_ DM311_PNG_1994_disaster_management.pdf

八 拍卖商

1. V. F. Buchwald, *Handbook of Iron Meteorites* (Berkeley, CA: University of California Press, 1977), p. 1123.

2. http://meteorites.wustl.edu/rlk.htm

3. http://adsabs.harvard.edu/full/1998ncdb.conf···33S

4. https://atlas.fallingstar.com/home.php

5. http://curious.astro.cornell.edu/about-us/75-our-solar-system/ comets-meteors-and-asteroids/meteorites/313-how-manymeteorites-hit-earth-each-year-intermediate

6. https://www.nasa.gov/mission_pages/asteroids/overview/ fastfacts.html

7. https://www.livescience.com/36981-ancient-egyptian-jewelrymade-from-meteorite.html

8. https://www.livescience.com/36981-ancient-egyptian-jewelrymade-from-meteorite.html

9. J. Nobel, 'The True Story of History's Only Known Meteorite Victim', *National Geographic News* (2013): https://www.nationalgeographic.com/news/2013/2/130220-russia-meteorite-ann-hodges-sciencespace-hit/

10. Nobel, 'The True Story of History's Only Known Meteorite Victim'.

九 菊石

1. https://www.nhm.ac.uk/discover/mary-anning-unsung-hero. html

2. H. Torrens, 'Mary Anning (1799-1847) of Lyme; "the greatest fossilist the world ever knew"', *British Journal for the History of Science* (*BJHS*) 28 (1995), p. 258.

3. A. Singh, 'Film-Makers Create Fictional Same-Sex Romance To Spice Up Story of "unsung hero of fossil world"', *The Telegraph* (11 March 2019).

4. M. Doody, *Jane Austen's Names* (Chicago, IL: University of Chicago Press, 2015), pp. 367-368.

5. https://www.nhm.ac.uk/discover/mary-anning-unsung-hero. html

6. Torrens, 'Mary Anning (1799-1847) of Lyme', p. 260.

7. https://www.dorsetecho.co.uk/news/9628097.1yme-regisresidents-delighted-by-195m-project-to-save-homes/

8. Torrens, 'Mary Anning (1799-1847) of Lyme', p. 269.

9. Torrens, 'Mary Anning (1799-1847) of Lyme', p. 257.

10. J. Zalasiewicz, 'The Very Dickens of a Palaeontologist', *The Paleontology Newsletter* 80 (2012), p. 4.

11. Torrens, 'Mary Anning (1799-1847) of Lyme', p. 265.

12. Zalasiewicz, 'The Very Dickens of a Palaeontologist', p. 3.

13. Zalasiewicz, 'The Very Dickens of a Palaeontologist', p. 7.

14. Quoted in B. Chambers, 'Mary Anning: Fossil Hunter', in S. Charman-Anderson (ed.), *More Passion for Science: Journeys into the Unknown* (London: Finding Ada, 2015).

15. https://www.theuniguide.co.uk/subjects/geology/ https://eos.org/agu-news/working-toward-gender-parity-in-thegeosciences

16. HESA

17. https://www.americangeosciences.org/geoscience-currents/ female-geoscience-faculty-representation-grew-steadilybetween-2006-2016/

18. https://www.wisecampaign.org.uk/statistics/annual-core-stem-stats-round-up-2019-20/

19. https://www.aauw.org/resources/research/the-stem-gap/

20. J. Zalasiewicz et al., 'Scale and Diversity of the Physical Technosphere: A Geological Perspective', *The Anthropocene Review* 4(1) (2017), p. 10.

21. T. Hardy, *A Pair of Blue Eyes* (Ware: Wordsworth Classics, 1995), p. 172.

22. *The Quarterly Journal of the Geological Society of London* 4 (1848), p. 24.

23. Torrens, 'Mary Anning (1799-1847) of Lyme', p. 257.

24. https://trowelblazers.com/

25. Torrens, 'Mary Anning (1799-1847) of Lyme', p. 269.

十 第一片森林

1. W. E. Stein et al., 'Surprisingly Complex Community Discovered in the Mid-Devonian Fossil Forest at Gilboa', *Nature* 483 (2012), p. 78.

2. L. VanAller Hernick, *The Gilboa Fossils* (New York: New York State Museum, 2003), p. 1.

3. VanAller Hernick, *The Gilboa Fossils*, p. 3.

4. VanAller Hernick, *The Gilboa Fossils*, p. 4.

5. C. M. Berry, The Rise of Earth's Early Forests, *Cell Biology* 29(16) (2019), pp. 792-794.

6. P. Giesen and C. M. Berry 'Reconstruction and Growth of the Early Tree Calamophyton (Pseudosporochnales, Cladoxylopsida) Based on Exceptionally Complete Specimens from Lindlar, Germany (Mid-Devonian)', *International Journal of Plant Science* 174(4) (2013), pp. 665-686.

7. C. M. Berry et al., 'Unique Growth Strategy in the Earth's First Trees Revealed in Silicified Fossil Trunks from China', *PNAS* 114(45) (2017), p. 12009.

8. Berry et al., 'Unique Growth Strategy', p. 12009.

9. C. M. Berry, 'How the First Trees Grew So Tall with Hollow Cores-New Research', *The Conversation* (23 October 2017).

10. VanAller Hernick, *The Gilboa Fossils*, p. 23.

11. VanAller Hernick, *The Gilboa Fossils*, p. 37.

12. C. M. Berry, The Rise of Earth's Early Forests, *Cell Biology* 29(16) (2019), pp. 792-794.

13. C. M. Berry and J. E. Marshall, 'Lycopsid Forests in the Early Late Devonian Paleoequatorial Zone of Svalbard', *Geology*, 43(12) (2015), pp. 1043-1046.

14. Stein et al., 'Surprisingly Complex Community Discovered', p. 79.

15. https://www.sciencedirect.com/science/article/abs/pii/S0960982219315696

16. https://www.cell.com/current-biology/fulltext/S09609822(19)30861-9?_returnURL=https%3A%2F%2Flinkinghub. elsevier.com%2Fretrieve%2Fpii%2FS0960982219308619%3Fsh owall%3Dtrue.

17. T. Algeo and S. E. Scheckler, 'Terrestrial-Marine Teleconnections in the Devonian: Links between the Evolution of Land Plants, Weathering Processes, and Marine Anoxic Events', *Philosophical Transactions of the Royal Society*, London B 353 (1998), pp. 113-130.

十一 谈到恐龙的时候我们到底在说什么

1. https://www.npr.org/2018/07/10/627782777/manypaleontologists-today-are-part-of-the-jurassic-park-generation

2. D. Naish and P. M. Barrett, *Dinosaurs: How They Lived and Evolved* (London: Natural History Museum, 2018), p. 4.

3. G. Mantell, 'Notice on the Iguanodon, a Newly Discovered Fossil Reptile, from the Sandstone of Tilgate, in Sussex', *Philosophical Transactions of the Royal Society* 115 (1825), pp. 179-186.

4. G. Mantell, *The Geology of the South East of England* (London: Longman, 1833), p. 318.

5. W. Buckland, 'Notice on the Megalosaurus or Great Fossil Lizard of Stonesfield', *Transactions of the Geological Society of London* (2)1 (1824), pp. 390-396.

6. Naish and Barrett, *Dinosaurs*, p. 14.

7. Naish and Barrett *Dinosaurs*, p. 17.

8. Naish and Barrett, *Dinosaurs*, pp. 18-20.

9. Quoted in R. Black, smithsonian.com (16 November 2009): https://www.smithsonianmag.com/science-nature/ jingo-the-dinosaur-a-world-war-i-mascot-57348765/

10. W. L. Stokes, *The Cleveland-Lloyd Dinosaur Quarry: Window to the Past* (Washington DC: US Department of the Interior, Bureau of Land Management, 1985).

11. Naish and Barrett, *Dinosaurs*, pp. 20-22.

12. https://www.nhm.ac.uk/discover/dino-directory/allosaurus.html

13. Quoted in R. Black, smithsonianmag.com (10 July 2015): https://www.smithsonianmag.com/science-nature/what-killeddinosaurs-utahs-giant-jurassic-death-pit-180955878/

14. Ibid.

15. K. Carpenter, 'Evidence for Predator-Prey Relationships', in K. Carpenter (ed.), *The Carnivorous Dinosaurs* (Bloomington, IN: Indiana University Press, 2005), p. 332.

16. M. Reynolds, 'The Dinosaur Trade', wired.co.uk (21 June 2018): https://www.wired.co.uk/article/dinosaur-t-rex-auction-sale-private-fossil-trade

17. Ibid.

18. http://vertpaleo.org/GlobalPDFS/SVP-to-Aguttes-aboutTheropod,-2018-english.aspx

19. J. Pickrell, 'Carnivorous-Fossil Auction Reflects Rise in Private Fossil Sales', nature.com (1 June 2018): https://www.nature.com/articles/d41586-018-05299-3

20. Naish and Barrett, *Dinosaurs*, p. 204.

21. R. J. Whittle et al., 'Nature and Timing of Biotic Recovery in Antarctic Benthic Marine Ecosystems Following the Cretaceous-Palaeogene Mass Extinction', *Palaeontology* 62(6) (2019), p. 919.

22. J. Zalasiewicz *The Earth after Us: What Legacy Will Humans Leave in the Rocks?* (Oxford: Oxford University Press, 2008), pp. 191-192.

23. Naish and Barrett, *Dinosaurs*, pp. 5-6.

十二　给深时着色

1. J. Vinther, 'The True Colours of Dinosaurs', *Scientific American* 16(3) (2017), p. 52.

2. J. Vinther, 'A Guide to the Field of Palaeo Colour', *Bioessays* 37 (2015), pp. 643-656.

3. J. Vinther, 'Fossil Melanosomes or Bacteria? A Wealth of Findings Favours Melanosomes', *Bioessays* 38 (2015), p. 220.

4. J. Vinther et al., 'The Colour of Fossil Feathers', *Biology Letters* (2008) Vol. 4, pp. 522-525.

5. Q. Li et al., 'Plumage Colour Patterns of an Extinct Dinosaur', *Science* 327(5971) (2010), pp. 1369-1372; F. Zhang et al., 'The Colour of Cretaceous Dinosaurs and Birds', *Nature* 463 (7282) (2010), pp. 1075-1078.

6. J. Lindgren et al., 'Interpreting Melanin-Based Coloration through Deep Time: A Critical Review', *Proceedings of the Royal Society* (2015).

7. J. Hawkes, *A Land* (Boston, MA: Beacon Press, 1991), p. 77.

8. M. E. McNamara et al., 'The Fossil Record of Insect Colour Illuminated by Maturation Experiments', *Geology* 41(4) (2013), pp. 487-490.

9. M. E. McNamara et al., 'Reconstructing Carotenoid-Based and Structural Coloration in Fossil Skin', *Current Biology* 26 (2016), pp. 1-8.

10. M. E. McNamara, 'The Taphonomy of Colour in Fossil Insects and Feathers', *Palaeontology* 56(3) (2013), pp. 557-575.

11. A. Dance, 'Prehistoric Animals in Living Colour', *PNAS* 113(31) (2016), pp. 8552-8556.

12. Q. Li et al., 'Reconstruction of *Microraptor* and the Evolution of Iridescent Plumage', *Science* 335 (2012), pp. 1215-1219.

13. J. Vinther et al., '3D Camouflage in an Ornithischian Dinosaur', *Current Biology* 26(18) (2016), pp. 2456-2462.

14. Naish and Barrett, *Dinosaurs*.

十三　城市地质学

1. R. Siddall, 'Rome in London: The Marbles of the Brompton Oratory', *Urban Geology in London* 28 (2015), http://www.ucl.ac.uk/~ucfbrxs/Homepage/walks/Brompton.pdf

2. R. Caillois, trans. B. Bray, *The Writing of Stones* (Charlottesville, VA: University of Virginia Press, 1988).

3. https://geologistsassociation.org.uk/about/

4. T. Nield, *Underlands: A Journey through Britain's Lost Landscape* (London: Granta, 2014), p. 145.

5. T. Hardy, *A Pair of Blue Eyes* (Ware: Wordsworth Classics, 1995), p. 172.

6. V. Morra et al., 'Urban Geology: Relationships between Geological Setting and Architectural Heritage of the Neapolitan Area', *Journal of the Virtual Explorer* 36 (2010).

7. Ibid.

8. https://ec.europa.eu/regional_policy/en/projects/major/italy/ major-redevelopment-of-naples-

historic-centre

十四　寻找人类世

1. J. McPhee, 'Basin and Range', *Annals of the Former World* (New York: Farrar, Straus and Giroux, 2000), p. 90.

2. A. Ganopolski et al., 'Critical Isolation-CO_2 Relation for Diagnosing Past and Future Glacial Inception', *Nature* 529 (2016), pp. 200-203.

3. C. Waters et al., 'The Anthropocene is Functionally and Stratigraphically Distinct from the Holocene', *Science* 351 (2016), p. 8.

4. Waters et al., 'The Anthropocene', p. 8.

5. J. Zalasiewicz et al., 'Petrifying Earth Process', *Theory, Culture and Society* 34 (2017), pp. 83-104.

6. J. Zalasiewicz et al., 'Human Bioturbation, and the Subterranean Landscape of the Anthropocene', *Anthropocene* 6 (2014), pp. 3-9.

7. Zalasiewicz et al., 'Human Bioturbation', p. 3.

8. J. Zalasiewicz et al., 'Scale and Diversity of the Physical Technosphere: A Geological Perspective', *The Anthropocene Review* (2016), pp. 1-14.

9. Zalasiewicz et al., 'Scale and Diversity', p. 11.

10. J. Zalasiewicz et al., 'The Working Group on the Anthropocene: Summary of Evidence and Interim Recommendations', *Anthropocene* 19 (2017), pp. 55-60.

11. M. Maslin and S. Lewis, 'Defining the Anthropocene', *Nature* 519(7542) (2015), p. 171.

12. Waters et al., 'The Anthropocene', p. 8.

13. S. C. Finney and L. E. Edwards, 'The "Anthropocene" Epoch: Scientific Decision or Political Statement?', *GSA Today* 26(3) (2016), p. 9.

14. S. C. Finney, 'The 'Anthropocene' as Ratified Unit in the ICS International Chronostratigraphic Chart: Fundamental Issues That Must Be Addressed by the Task Group', in C. N. Waters et al. (eds), *A Stratigraphical Basis for the Anthropocene*, Geological Society special publication 395 (London: Geological Society, 2014), p. 27.

15. P. L. Gibbard and M. J. C. Walker, 'The Term "Anthropocene" in the Context of Formal Geological Classification', in Waters et al. (eds), *A Stratigraphical Basis for the Anthropocene*, pp. 29-37.

16. J. Zalasiewicz et al., 'Making the Case for a Formal Anthropocene Epoch: An Analysis of Ongoing Critiques', *Newsletter on Stratigraphy* 50(2) (2017), p. 207.

17. E. W. Wolff, 'Ice Sheets and the Anthropocene', Geological Society special publications 395 (2013), pp. 255-263.

18. Zalasiewicz et al., 'Making the Case for a Formal Anthropocene Epoch', pp. 208-209.

十五　"此地不是荣耀之地"

1. https://www.gov.uk/government/publications/ionising-radiation-dose-comparisons/ ionising-radiation-dose-comparisons

2. https://www.arpansa.gov.au/understanding-radiation/what-isradiation/ionising-radiation/beta-particles; https://www.gov.uk/ government/publications/ionising-radiation-dose-comparisons/ionising-radiation-dose-comparisons

3. R. C. Ewing et al., 'Geological Disposal of Nuclear Waste: A Primer', *Elements* 12(4) (2016), pp. 233-237.

4. http://www.posiva.fi/en/final_disposal/basics_of_the_final_ disposal#.xfiuS5P7TOQ

5. https://www.world-nuclear.org/information-library/safety-andsecurity/safety-of-plants/chernobyl-accident.aspx

6. Human Interference Task Force, 'Reducing the Likelihood of Future Human Activities That Could Affect Geologic High-Level Waste Repositories' (Columbus, OH: Office of Nuclear Waste Isolation, 1984).

7. F. Blanquer, 'Building Sustainable and Efficient Markers to Bridge Ten Millennia', *44th Annual Waste Management Conference (WM2018)* (Tempe, AZ: Waste Management Symposia, Inc., 2018), p. 5701.

8. https://public.oed.com/blog/old-english-an-overview/

9. A. Robinson, 'Ancient Civilization: Cracking the Indus Script', *Nature* 526 (2015), pp. 499-501.

10. K. M. Trauth et al., *Expert Judgement on Markers to Deter Inadvertant Human Intrusion into the Waste Isolation Pilot Plant* (Albuquerque, NM: Sandia National Laboratories, 1993).

11. C. Pescatore and C. Mays, *Records, Marks and People: For the Safe Disposal of Radioactive Waste* (Stockholm: Swedish Nuclear Power Inspectorate, 2009): https://www.osti.gov/ etdeweb/biblio/971770

12. D. Harmand and J. Brulhet, 'Could the Landscape Preserve Traces of a Deep Underground Nuclear Waste Repository over the Very Long Term? What We Can Learn from the Archaeology of Ancient Mines', *Radioactive Waste Management and Constructing Memory for Future Generations. Proceedings of the International Conference and Debate, 15-17 September 2014, Verdun, France* (2015).

13. M. Madsen (dir.), *Into Eternity*, prod. Lise Lense-Møler (2010).

14. Blanquer, 'Building Sustainable and Efficient Markers', p. 5701.

15. Ibid.

16. https://historicengland.org.uk/listing/the-list-list-entry/1009532

17. L. Boby, https://www.andra.fr/sites/default/files/2019-03/ ArtEtMemoire2019-Termen%204.pdf

18. https://historicengland.org.uk/listing/the-list-list-entry/1009532

19. Ganopolski et al., 'Critical Isolation', pp. 200-203.

十六　海滩上

1. J. Mendum, J. Merritt and A. McKirdy, *Northwest Highlands: A Landscape Fashioned by Geology* (Perth: Scottish Natural Heritage, 2001).

2. J. William Schopf, 'Solution to Darwin's Dilemma: Discovery of the Missing Precambrian Record of Life', *PNAS* 97(13) (2000), p. 6947.

3. P. Toghill, 'Britain during the Precambrian', *The Geology of Britain* (Ramsbury: Crowood Press, 2002), p. 23.

4. Mendum, Merritt and McKirdy, *Northwest Highlands*, p. 13.

5. Mendum, Merritt and McKirdy, *Northwest Highlands*, p. 6.

6. Mendum, Merritt and McKirdy, *Northwest Highlands*, p. 7.

7. M. Green et al., 'What Planet Earth Might Look Like When the Next Supercontinent Forms - Four Scenarios', *The Conversation* (November 2018): https://theconversation. com/what-planet-earth-might-look-like-when-the-nextsupercontinent-forms-four-scenarios-107454

8. X. Ma et al., 'An Exceptionally Preserved Arthropod Cardiovascular System from the Early Cambrian', *Nature Communications* 5 (2014); H. Dunning, 'Earliest Heart and Blood Discovered (2014): https://www.nhm.ac.uk/discover/ news/2014/april/earliest-heart-blood-discovered.html

延伸阅读

Stephen Baxter, *Revolutions of the Earth: James Hutton and the True Age of the World* (London: Phoenix, 2004).

Marcia Bjornerud, *Timefulness: How Thinking Like a Geologist Can Help Save the World* (Princeton, NJ: Princeton University Press, 2018).

Richard Fortey, *The Hidden Landscape: A Journey into the Geological Past* (London: The Bodley Head, 2010).

Gabriel Gohau, rev. and trans. Albert V. Carozzi and Marguerite Carozzi, *A History of Geology* (New Brunswick, NJ: Rutgers University Press, 1990).

Stephen Jay Gould, *Times Arrow, Times Circle: Myth and Metaphor in the Discovery of Geological Time* (Cambridge, MA: Harvard University Press, 1987).

Jacquetta Hawkes, *A Land* (Boston, MA: Beacon Press, 1991).

Linda VanAller Hernick, *The Gilboa Fossils* (New York: New York State Museum, 2003).

Susan Elizabeth Hough, *Finding Fault in California: An Earthquake Tourist's Guide* (Missoula, MO: Mountain Press, 2004).

Susan Elizabeth Hough, *Predicting the Unpredictable: The Tumultuous Science of Earthquake Prediction* (Princeton, NJ: Princeton University Press, 2010).

Elizabeth Kolbert, *The Sixth Extinction: An Unnatural History* (London: Bloomsbury, 2014).

Paul Lyell, *The Abyss of Time: A Study in Geological Time and Earth's History*, (Edinburgh: Dunedin Academic Press, 2016).

Charles Lyle, *Principles of Geology*, abridged edn (London: Penguin Classics, 2005).

Donald B. McIntyre and Alan McKirdy, *James Hutton: The Founder of Modern Geology* (Edinburgh: National Museums Scotland, 2012).

Michael McKimm, *Fossil Sunshine* (Tonbridge: Worple Press, 2013).

John McPhee, *Annals of the Former World* (New York: Farrar, Straus and Giroux, 2000).

John Mendum, Jon Merritt and Alan McKirdy, *Northwest Highlands: A Landscape Fashioned by Geology* (Perth: Scottish Natural Heritage, 2001).

Darren Naish and Paul M. Barrett, *Dinosaurs: How They Lived and Evolved* (London: Natural History Museum, 2018).

Ted Nield, *Underlands: A Journey Through Britain's Lost Landscape* (London: Granta, 2014).

Naomi Oreskes (ed.), *Plate Tectonics: An Insiders History of the Modern Theory of the Earth* (Boulder, CO: Westview Press, 2001).

www.nwhgeopark.com

Graham Park, *Introducing Geology: A Guide to the World of Rocks* (Edinburgh: Dunedin Academic Press, 2010).

Martin J. Rudwick, *Earth's Deep History: How It Was Discovered and Why It Matters* (Chicago, IL: University of Chicago Press, 2014).

Richard C. Selley, *The Winelands of Britain: Past, Present & Prospective* (Dorking: Petravin Press, 2008).

Peter Toghill, *The Geology of Britain* (Ramsbury: The Crowood Press, 2002).

David L. Ulin, *The Myth of Solid Ground* (London: Penguin Books, 2005).

Gilbert White, *The Natural History of Selborne* (London: Penguin Classics, 1977).

Simon Winchester, *The Map that Changed the World* (London: Penguin Books, 2002).

Jan Zalasiewicz, *The Earth After Us: What Legacy Will Humans Leave in the Rocks?*, (Oxford: Oxford University Press, 2008).

Jan Zalasiewicz, *The Planet in a Pebble* (Oxford: Oxford University Press, 2012).